高职高专院校"十三五"实训规划教材

YOUTIAN HUAXUE SHIXUN ZHIDAO SHU

油田化学实训指导书

主编 武世新 杨红丽 刘阿妮

西北工业大学出版社

【内容简介】 本书分为钻井化学篇、采油化学篇、集输化学篇三个部分。主要为钻井液常规性能测试及钻井液材料测定,油井水泥性能测试及外加剂性能测定,压裂液的性能测试及压裂材料性能测定以及调剖堵水,油田污水中各种离子含量测定及原油常规性能测定等方面的实训内容。

本书可作为高职高专院校油田化学应用技术专业、油气开采技术专业及钻井技术专业相关课程的实训教材,也可作为相关技术人员培训及职业技能鉴定的参考用书。

图书在版编目(CIP)数据

油田化学实训指导书/武世新,杨红丽,刘阿妮主编 . —西安:西北工业大学出版社,2016.11
ISBN 978 - 7 - 5612 - 5153 - 9

Ⅰ.①油… Ⅱ.①武… ②杨… ③刘… Ⅲ.①油田化学—高等职业教育—教材 Ⅳ.①TE39

中国版本图书馆 CIP 数据核字(2016)第 277987 号

策划编辑:杨　军
责任编辑:张珊珊

出版发行:西北工业大学出版社
通信地址:西安市友谊西路 127 号　邮编:710072
电　　话:(029)88493844,88491757
网　　址:www.nwpup.com
印 刷 者:陕西向阳印务有限公司
开　　本:787 mm×1 092 mm　　1/16
印　　张:9.375
字　　数:222 千字
版　　次:2016 年 11 月第 1 版　　2016 年 11 月第 1 次印刷
定　　价:25.00 元

延安职业技术学院
《油田化学实训指导书》
编委会

编委会成员

主　任　兰培英

副主任　费　真　许彦政　景向伟

委　员　熊军林　武世新　吴晓赟　李国荣　王　岩　申振强

编写成员

主　编　武世新　杨红丽　刘阿妮

编　者　韩　静　王志强　武世新　杨红丽　刘阿妮

行业指导

企业专家　李　伟　杨志刚　杨永超

审　核　人　石油专业建设和教学指导委员会专家组

前　言

为了满足企业对学生职业技能的要求,本书编写组在油田化学应用技术专业教学指导委员会的指导下,提炼出陕北油气田和油气田服务企业钻井液岗位群、采油化学岗位群、集输化学岗位群、油田化学剂性能检测岗位群等一线生产操作岗位的关键能力和核心技能,校企共同研发了专业技术岗位群实训项目。为了适应油气田开采技术、钻井技术、油田化学应用技术等不同专业建设需要,我们分钻井化学篇、采油化学篇和集输化学篇三部分编写了这本《油田化学实训指导书》。

本书注重实用性和可操作性,力求内容严谨、程序规范、重点突出,从而实现提高学生职业能力的教学目标。本书可作为高职高专院校油气开采技术专业、油田化学应用技术专业及钻井技术专业相关课程的实训教材,也可作为相关技术人员培训及职业技能鉴定的参考用书。

本书集合了编写组全体教师的共同智慧,由延安职业技术学院的武世新、杨红丽、刘阿妮担任主编。全书具体编写分工如下:钻井化学篇的项目一~项目八由刘阿妮编写;钻井化学篇的项目九~项目十三由王志强编写;采油化学篇由武世新编写;集输化学篇的项目二十八~项目三十由韩静编写;集输化学篇的项目三十一~项目三十七由杨红丽编写。

在本书的编写过程中,我们参考了相关兄弟院校的教材和专著,也参考了相关石油石化行业标准,这些教学资料和专著中蕴涵着宝贵的教学经验,是数代人数十年辛勤耕耘的结晶,在此特向文献的原作者表示感谢。我们还得到了李伟(延长石油研究院主任、高级工程师)、毛亚军(延长石油油气勘探公司钻井工程部工程师)等具有丰富现场实践经验的专家的大力支持,在此表示由衷的感谢!

由于时间仓促及水平所限,书中错误与疏漏,恳请读者批评指正。

编　者

2016 年 2 月

目　　录

第一篇　钻井化学篇

第二篇　采油化学篇

第三篇　集输化学篇

第一篇 钻井化学篇

项目一 水基钻井液配制及性能测试

一、实训目的

(1)了解和掌握钻井液的配制过程及方法,学会按所需比例配制一定量的水基钻井液;

(2)通过实验熟悉钻井液基本性能的内容,掌握钻井液密度计、漏斗黏度计、旋转黏度计等的正确使用;

(3)掌握钻井液流变参数、流变曲线的测定方法;

(4)熟悉流变曲线的绘制方法,通过钻井液基本性能和流变性能的测试,综合理解钻井液流体的非牛顿性质。

二、实训原理

1.配浆原理

水基钻井液是以水为分散介质,其基本组分是黏土、水和化学处理剂。这类钻井液发展最早,使用最广泛。我们这里所配制的钻井液是其中一种最基本、最简单的水基钻井液,即基浆。它配制的关键是在确定黏土的基础上,加入适量纯碱或其他处理剂,以提升黏土的造浆率。纯碱的加入量以黏土中钙含量而确定,它可通过小型实验确定,一般不超过配浆土质量的 5%。加入纯碱的目的是除去黏土中的部分钙离子,使钙膨润土转化为钠膨润土,从而提高它的水化分散能力,使黏土颗粒分散得更细,即 $Ca_{(\pm)} + Na_2CO_3 \longrightarrow Na_{(\pm)} + CaCO_3$。因此,原浆加纯碱一般呈现黏度增大,失水量减小;如果随着纯碱加入失水量反而增大,就说明纯碱加过量了。部分类型黏土只加纯碱还不行,需要加少量烧碱,其作用是把黏土中带氢键的土转化为钠土。

计算出配制密度为 $1.05\ \text{g/cm}^3$ 的水基钻井液 500 mL 所需膨润土质量(密度约为 $2.20\ \text{g/cm}^3$),用天平称取所需膨润土。其计算公式为

$$m_c = \frac{\rho_c V_m (\rho_m - 1)}{\rho_c - 1}$$

$$V_w = \frac{V_m \rho_m - m_c}{\rho_{水}}$$

式中 m_c—— 配浆所需的膨润土粉重量,g;

ρ_m—— 所配钻井液的密度,g/cm^3;

ρ_c——膨润土粉的密度，g/cm³；

V_w——配制的钻井液所需水体积，mL。

2. 钻井液密度测定原理

钻井液密度计是测定钻井液密度的计量器具，它基于杠杆平衡原理，杠杆左端为固定容积的钻井液杯，右端由平衡柱和可沿杠杆移动的游码组成。当左端钻井液杯充满钻井液时，通过移动右端的游码保持杠杆平衡，游码所指的刻度值为钻井液密度值。

3. 漏斗黏度测定原理

马氏漏斗黏度计是一种用于日常测量钻井液黏度的仪器。以定量的钻井液从漏斗流出的时间来确定钻井液的黏度。钻井液黏度越大，从漏斗流出所需时间越长；反之，黏度越小，从漏斗流出所需进间越短。

4. 流变性测定原理

电动机带动外筒旋转时，通过被测液体作用于内筒上的一个转矩，使与扭簧相连的内筒偏转一个角度。根据牛顿内摩擦定律，一定速率下偏转的角度与液体的黏度成正比。于是，对液体黏度的测量就转换为内筒的角度测量。

三、实训仪器及药品

1. 仪器

ZNB 型密度计、马氏漏斗黏度计、ZNN－D6 型旋转黏度计或同类等效产品、GJD－B12K 高速搅拌器或同类等效产品、量杯、秒表、pH 计或 pH 试纸；电热水器。

2. 药品

碳酸钠(分析纯)、配浆膨润土、淡水。

四、实训操作步骤

1. 钻井液配制

(1)用烧杯从电热水器上接取热水(60℃左右)500 mL(忽略膨润土体积)放入高搅杯，将高搅杯放于高搅器下高速搅拌(11 000 r/min)；

(2)按膨润土质量的 2％～5％称取所需的纯碱，边搅拌边加入水中，继续搅拌 5 min；

(3)搅拌同时缓慢加入已称好的膨润土粉(注意防止土粉在杯底堆积)，待膨润土全部加完后，继续搅拌 5 min，取下钻井液杯，将搅拌杆和杯壁上的膨润土刮入钻井液杯；继续搅拌 5 min，取下钻井液杯，将搅拌杆和杯壁上的膨润土刮入钻井液杯，搅拌 30 min。

(4)将配制好的钻井液基浆，在室温下密闭养护 24 h。

2. 钻井液密度测量

所用仪器 ZNB 型泥浆密度计的构造如图 1－1 所示。

(1)校正密度计。先在钻井液杯中装满清水，盖好杯盖，将盖上及周围溢出的清水擦干后，再将密度计主刀口置于主刀垫上，移动游码至密度为 1.00 g/cm³ 的刻度处。如水平泡居中，则仪器是准确的；否则应调整校正筒内的铅粒，使水平泡居中。

(2)钻井液密度的测定。将校准好的密度计擦干，把搅拌均匀的待测钻井液注入泥浆杯中，加盖并将溢出的钻井液擦干，然后将其置于主刀垫上。移动游码，使水平泡居中，此时读出横梁上的刻度值(精确到0.01 g/cm³)便是所测钻井液的密度。

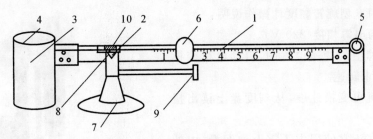

图 1-1　ZNB 型泥浆密度计

1—杠杆；　2—主刀口；　3—钻井液杯；　4—杯盖；　5—校正筒；

6—砝码；　7—底座；　8—主刀垫；　9—挡臂；　10—水平泡

（3）测定结束后。

将钻井液杯中的钻井液倒出，清洗仪器并擦干放置，不应把横梁长期置于支架上。

3. 钻井液漏斗黏度测定

所用仪器马氏漏斗黏度计结构如图 1-2 所示。

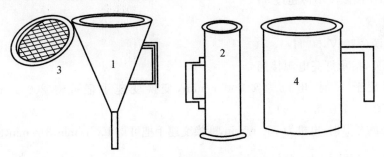

图 1-2　马氏漏斗黏度计结构

1—漏斗；　2—标准量杯；　3—12 目筛网；　4—2 000 mL 钻井液杯

（1）首先校正漏斗黏度计。用自来水把漏斗黏度计和量杯冲洗干净。

（2）将漏斗直立，筛网置于漏斗口，用左手食指堵住漏斗底流口，用量杯量取 1 500 mL 自来水经筛网倒入漏斗中。

（3）将体积为 946 mL 标准量筒置于漏斗底流口正下方，右手握秒表。放开堵住漏斗底流口的左手食指，让漏斗中水自然流入量杯中，放开食指的同时按动秒表。

（4）当量杯（946 mL）盛满水时，停止计时，同时用左手食指堵住漏斗底流口，20℃左右时，清水的漏斗黏度应为 26±0.5 s。

（5）校正之后，将漏斗及量杯中水倒掉，用拧干的布将漏斗、量杯和筛网擦干。

（6）测量钻井液漏斗黏度时改自来水为搅拌均匀的钻井液。重复上述各步有关操作，待钻井液流满量杯时，记下钻井液流出的时间（s），此为该钻井液的漏斗黏度。

（7）将漏斗和量杯中的钻井液倒回原钻井液杯中，用自来水将漏斗、量杯和筛网冲洗干净，然后用拧干的布将三者擦干。

如上测定钻井液漏斗黏度两次，第二次测定时不必校正漏斗黏度计，如果两次测定值相差 1 s 以上，应测第三次，取相近的两次值平均。

4. 井液流变参数测定

所用仪器 ZNN-D6 型旋转黏度计结构如图 1-3 所示。

(1)ZNN－D6 型旋转黏度计操作说明：

1)把仪器与电源相接(220 V)。

2)查看名牌上的变速位置图,启动电机变换手柄,可获得要求转速。

3)无须停机可变换速度,从刻度盘上读出扭力值。

4)黏度计在正常使用中无需上油润滑,内外筒每次实验后加以清洗,定期检查有无凹痕、磨损和其他损伤,这些零件如运转不灵活和摆动,测量准确度就不能得到保证。

5)取下外筒时只需逆时针旋转,轻轻向下便可取下,内筒与轴配合,装卸时用手捏住悬轴,将内筒逆时针旋转,上推或下拉来装卸,内筒为空心式,质量约 65～80 g,使用温度不得超过 95℃。

图 1－3　ZNN－D6 型旋转黏度计结构

(2)操作步骤：

1)接通电源(220 V,50 Hz)。

2)打开开关,指示灯亮电源接通。

3)将旋扭旋至 A 时,电机为 1 500 r/min,变换变速手把可得 200 r/min,6 r/min,600 r/min(见图 1－4 和图 1－5)。

(4)将旋扭旋至 B 时,电机为 750 r/min,变换变速手把可得 100 r/min,3 r/min,300 r/min。

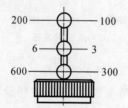

图 1－4　变速手柄图

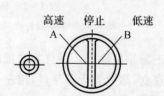

图 1－5　电机转速调节旋钮

5)以 A 或 B 调整变速手把以 300 r/min 或 600 r/min 运转外筒时不得偏摆。

6)检查刻度盘 0 位,如刻度盘指针不指 0 时,取下护罩,松开螺钉调整手轮对正 0 位。

7)将搅拌均匀的钻井液倒入钻井液杯中,液面位于刻度线处(350 mL)并立即置于托盘上,上升托盘使液面到外筒刻度线处拧紧托盘手轮,如用其他样品杯,筒底部与杯底之间距离不应低于 1.3 cm。

8)迅速从高速到低速进行测量,待刻度盘的读数稳定后,分别记录各转速下的读数,对其触变性流体,应在固定转速下,取最小读数为准。

9)以下测定静切力的各步要用秒表计时。先把挡挂在 600 r/min 上,开机搅拌 1 min,停机并将挡换成 3 r/min,停机 10 s,快到 10 s 时,眼睛要注意观察刻度盘,作好读数的准备,当10 s 的静止时间结束时,立即开机,读出指针所指最大值。将所读最大值记入表格,此值乘仪器常数,即得 10 s 切力值,也称钻井液的初切力,单位是 Pa。

10)再把挡挂在 600 r/min 上搅拌 1 min,停机并将挡换成 3 r/min,静止 10 min,用同样的方法,注意读取最大值并记入表格。此值乘仪器常数,即得 10 min 切力值,也称钻井液的终切力,单位是 Pa。

11)如上测定初切力,终切力各一次,如若数据可疑,应再测一次。

12)测完后,取下样品杯。钻井液倒回原钻井液杯中,用自来水冲洗样品杯。样品杯中盛自来水约 350 mL,让转筒浸入样品杯中,如上测量步骤清洗转筒一次,小心旋转转筒,使之脱开,卸下转筒,注意切不可碰着内筒。用洗净拧干的布轻轻将内筒(严防内筒转动或受力过大)和其他部件彻底擦净擦干。

13)将钻井液杯中的钻井液回收。

5.钻井液 pH 值测定

pH 值的测试方法有两种:pH 计或 pH 试纸。如果钻井液(或滤液)的颜色较深,无法用 pH 试纸测定时使用 pH 计。油田现场多用 pH 试纸测钻井液 pH 值。钻井液 pH 值测定时,可直接测钻井液,也可通过测钻井液滤液测得。

五、实训数据记录格式

将对应数据填入表 1-1,表 1-2 中。

表 1-1　钻井液基本性能

项　目				次　数		
钻井液性能	单位	符号	误差	一次	二次	三次
密度	g/cm^3	ρ	0.005			
漏斗黏度	s	FV	0.5			
静切力	格	$\phi_{3,10s}$	0.5			
	格	$\phi_{3,10min}$	0.5			
滤液 pH 值		pH	1			

注:(a)为了减少误差,一般数据都需要测量三次,选两个最接近的数据相加除以 2,即为测定数据,在以后的数据测量中如无特殊指出的地方,所有数据均按此方法处理;(b)每个测定项目做 3 个平行样是一个好方法,每个样按(a)得出一个测定数据,选两个最接近的相加除以 2,得出项目测定数据,这个方法能更好减少误差,本书所有实训项目中,建议照此执行,至少要保证主要性能指标做 3 个平行样。

表 1-2　钻井液流变性

转速/(r·min^{-1})	600	300	200	100	6	3
流速梯度 γ/(L·s^{-1})	1 022	511	340	170	10	5
清水读数/格	2.0					
钻井液读数 ϕ/格	测一次					
	测二次					
	测三次					

六、实训数据处理

将对应数据填入表1-3和表1-4中。

表1-3 钻井液基本性能

项 目				次 数			
钻井液性能	单位	符号	误差	一次	二次	三次	平均
密度	g/cm³	ρ	0.005				
漏斗黏度	s	FV	0.5				
静切力	格	$\phi_{3.10s}$	1				
	Pa	GeL10s					
	格	$\phi_{3.10min}$	1				
	Pa	GeL10min					
滤液 pH 值		pH	0.5				

注：表中的 Gel10s 为初静切力，Gel10min 为终静切力，与本篇中提到的意义相同。

表1-4 钻井液流变性

1	转速/(r·min⁻¹)		600	300	200	100	6	3
2	流速梯度 γ/s⁻¹		1 022	511	340	170	10	5
3	清水读数/格		2					
4	钻井液读数 ϕ/格	测一次						
		测二次						
		测三次						
		平均						
5	$\tau_{实}=0.511\phi_3$ （Pa）							
6	$\tau_{宾}=YP+0.001PVD$ （Pa）							
7	$\tau_{指}=KDn$ （Pa）							
8	$YP=0.511\times(2\phi_{300}-\phi_{600})$ （Pa）							
9	$PV=\phi_{600}-\phi_{300}$ （mPa·s）							
10	$n=3.322\lg(\phi_{600}/\phi_{300})$							
11	$K=0.511\phi_{300}/511n$ （Pa·sn）							
12	$AV=0.5\phi_{600}$ （mPa·s）							

注：ϕ_3—转速为 3 r/min 时的刻度盘读数；ϕ_{300}—转速为 300 r/min 时的刻度盘读数；ϕ_{600}—转速为 600 r/min时的刻度盘读数；AV—表观黏度；PV—塑性黏度；YP—动切力；n—流性指数；K—稠度系数；$\tau_{宾}$—塑性流体剪切应力；$\tau_{指}$—假塑性流体剪切应力；$\tau_{实}$—实测剪切应力。本篇中相同的符号与此处意义相同。

七、思考题

(1)钻井液用膨润土分为哪些类型？在现场配制钻井液时常选择哪一种？为什么？

(2)如何使钻井液各项参数测量得更准确？

项目二　钻井液固相含量、含砂量及坂土含量测定

一、实训目的

(1)掌握钻井液固相含量的测量方法,能正确使用 ZNG 型固相含量测定仪;

(2)了解钻井液含砂量测定仪测定原理,掌握测定钻井液含砂量的方法;

(3)熟悉用亚甲基蓝测定钻井液坂土含量的原理,掌握钻井液坂土含量的测量方法。

二、实训原理

(1)钻井液固相含量(体积分数)是指钻井液中全部固相的体积占钻井液总体积的百分数,一般钻井液的固相含量要求小于 5%。

钻井液固相含量测定仪(见图 2-1)是用来快速测定钻井液中液相(包括油和水)及固相含量的一种仪器,它主要由加热棒、蒸馏器、冷凝器、电线接头和量筒等部分组成。

在测量过程中,通过加热使一定体积钻井液中液相成为气相,从而达到固相和液相分离的作用,蒸发出的气相经过冷凝后重新变成液相,从而得到液相的体积,计算出钻井液固相体积,得出钻井液固相含量。

(2)钻井液含砂量(体积分数)是指钻井液中不能通过 200 目筛网(相当于颗粒直径大于 74 μm)的砂粒体积占钻井液总体积的百分数,用 N 表示,一般要求钻井液的含砂量小于 0.5%。

钻井液含砂量测定仪(见图 2-2)是一种简单、可靠、有效和准确测量钻井液含砂量的仪器,它包括过滤筒、漏斗、玻璃量筒三个部件。过滤筒中间装有 200 目不锈钢网,孔径为 0.074 mm。玻璃量筒上标有测量所需试样体积(30 mL)刻度线。

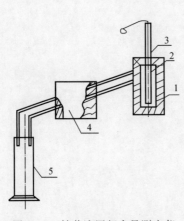

图 2-1　钻井液固相含量测定仪

1—蒸馏器;　2—加热棒;　3—电线接头;　4—冷凝器;　5—量筒

图 2-2　钻井液含砂量测定仪

在测量时,取一定量体积钻井液经稀释、过滤和清洗,筛选出粒径大于 200 目筛孔径的砂粒,从而得到钻井液的含砂量体积。

(3)亚甲基蓝的分子式为 $C_{16}H_{18}N_3SCl \cdot 3H_2O$ 在水溶液中电离出一价的有机阳离子,与黏土发生阳离子交换。

$$\left[\text{结构式}\right]^+ Cl^- + M^+B^- \longrightarrow$$

$$\left[\text{结构式}\right]^+ B^- + M^+Cl^-$$

式中　M^+——金属阳离子;

　　　B^-——带负电荷的黏土离子。

在无其他离子干扰的状态下,有机阳离子在溶液中以游离态并呈蓝色的形式存在,它与黏土晶片亲和力更大,能够将原来吸附在黏土晶片上的交换性阳离子全部交换下来。在吸附达到饱和之前,溶液中不存在游离的有机阳离子染色离子,滴在滤纸上的渗液无色,只有当黏土离子吸附亚甲基蓝的有机阳离子达到饱和状态时,溶液中含有游离的亚甲基蓝,滴在滤纸上的渗液由于存在有染色离子,故会呈绿-蓝色圈,此时滴定达到终点,根据消耗亚甲基蓝量可计算出黏土含量。

三、实训仪器及药品

1. 仪器

钻井液固相含量测定仪;搅拌器;电子天平;秒表;钻井液含砂量测定仪;铁架台;量筒;碱式滴定管;锥形瓶;不带针头注射器 5 mL 和 50 mL 各一个;细玻璃棒;洗瓶;50 mL 量筒;滤纸;刻度吸管;电炉。

2. 药品

钻井液;亚甲基蓝溶液(3.748 g/L);H_2O_2(3%);稀 H_2SO_4(2.5 mol/L)。

四、实训步骤

1. 固相含量测定

(1)取样。

1)拆开蒸馏器,在药物天平上,准确称量干燥的空钻井液杯质量($m_杯$)记下数据。放平钻井液杯,将搅拌均匀的钻井液,慢慢倒入杯内,直至接近满杯。

2)轻轻地盖上钻井液杯盖,让多出的钻井液从杯口溢掉,将从盖子边及螺纹处溢出的钻井液擦净。此时杯内钻井液为 20 mL。

3)轻轻地取下杯盖,用刮刀(图中未绘出)将黏附在盖底面上的钻井液(滑动盖子)刮回到钻井液杯中,称质量记为 $m_{(杯+浆)}$。

4)如果测现场复杂的钻井液,应向钻井液杯中滴入 2~5 滴抗泡沫剂,以防止蒸馏过程中钻井液沸溢。拧上套筒。

（2）蒸馏。

1）将加热棒旋紧在套筒上部（注：竖直，否则钻井液从套筒支管处流出）将电线接头插入加热棒（注意蒸馏器竖直），加热棒插头和电线接头都不能有水，否则易短路。将引流管插入冷凝器侧端孔内，且抵紧放置稳定。

2）将一清洁干燥的量筒夹在冷凝器引流筒口处，以收集冷凝液，将电线插头插入电源（220 V电压），进行蒸馏，同时计时。

3）通电 3～5 min，第一滴馏出液出现，套筒发烫，其后连续蒸馏，直至不再有流出液，钻井液被蒸干，然后拨出电线插头，切断电源。蒸馏时间取决于电压，固相成分和含油量，大约需要 20～40 min。

（3）冷却、称量、清洗。

1）记下量筒内馏出液（水或水与油）液面刻度值，用于计算或作为参考。若馏出液为水与油且分层不甚清晰，可向内加 2～3 滴破乳剂，以改善液面的易读性。

2）用环架套住套筒上部，握住电线接头，将套筒与冷凝器分开，且将蒸馏器用水冷却（注意不要把水溅到电线接头、电线插头和加热棒插头上）。

3）大部分固相成分仍残留在钻井液杯内，很少量的固相成分附在加热棒和套筒的内壁上。松下加热棒，用刮刀将加热棒和套筒中固相清除至钻井液杯中，勿使流失，然后用精确的天平称量钻井液杯及固相的总质量（$m_{杯+固}$）记下数据，算出固相的质量分数，体积分数含量和固相平均密度。

4）冲洗蒸馏器的冷凝器孔，揩净加热棒、套筒和钻井液杯，然后将其风干、放好。如上测定钻井液固相含量一次，若有失误，应重测。

（4）注意事项。

1）取拿加热棒时，要轻拿轻放，不可碰击硬物或摔在地上，以防电阻丝被摔断。

2）加热时以钻井液蒸干为准，通电时间不宜过长。

3）实验时一定要注意检查插头、电线、加热棒的绝缘情况，以防短路、断路。

2. 钻井液含砂量

（1）将待测钻井液样品倒入玻璃量筒钻井液刻度线处，然后注入清水至刻度线。

（2）用手堵住玻璃量筒口并用力振荡，然后倒入过滤筒过筛并冲洗砂粒，筛完后将漏斗套在过滤筒上反转，漏斗嘴插入玻璃量筒。

（3）用清水冲洗过滤筒，使不能通过筛网的砂粒进入刻度瓶，读出玻璃量筒的读数即为砂粒体积百分数（或使用含砂量公式进行计算）。

（4）注意事项：

1）用清水冲洗过滤筒中的钻井液时，水要从四周缓缓冲洗；

2）严禁对过滤网使用过大外力，以免使其破损变形，影响精度和使用。

3. 坂土含量测定

（1）在 250 mL 锥形瓶中放 10 mL 水，用 5 mL 的注射器准确加 1 mL 被测钻井液（或 2～10 mL 亚甲基蓝溶液所需适当的钻井液体积），为了除去 CMC、褐煤、聚丙烯酸盐等有机物的干扰，加 15 mL 3%H_2O_2 和 0.5 mL 2.5 mol/L H_2SO_4，转动锥形瓶混合好，在电炉上加热至微沸10 min，稍冷，用水稀释至约 40 mL，放冷。

（2）用滴定管往锥形瓶中加亚甲基蓝溶液。一次连续加入 0.5 mL，每加 0.5 mL 快速振荡锥形瓶 30s(用秒表计时,要求准确。以下提到的时间也要求准确)。当固体仍被悬浮时,用细玻璃棒移动一滴到滤纸上,观察在染色固体斑点周围是否出现绿-蓝色圈。若无此圈出现,继续滴入 0.5 mL 亚甲基蓝溶液,重复上面操作。若此圈出现,继续摇荡锥形瓶 2 min,重新移取一滴观察颜色,当发现绿-蓝色圈仍不消失,表明已达到滴定终点,记下亚甲基蓝溶液用量 $V(\text{mL})$。若摇荡 2 min 后,淡绿-蓝色圈消失,则应继续上述操作,直至达到终点。记录消耗所用的亚甲基蓝溶液的体积 V。注意,由于阳离子交换过程较慢,一次只能加入 0.5 mL 亚甲基蓝溶液,不能多加。

注意:由于非晶质土类黏土也能吸附亚甲基蓝,测定的黏土含量有相对性,故有"亚甲基蓝坂土含量"之称。

五、实训数据处理

1.钻井液固相含量测定

$$固相含量(质量分数)=\frac{m_{杯+固}-m_{杯}}{m_{杯+浆}-m_{杯}}\times100\%$$

$$固相含量(体积分数)=\frac{20-馏出液体积(\text{mL})}{20}\times100\%$$

$$固相增均密度(\text{g/cm}^3)=\frac{W_{杯+固}-W_{杯}}{20-馏出液体积(\text{mL})}$$

2.井液含砂量测定

$$含砂量(体积分数)=\frac{V_{砂粒}}{V_{钻井液}}\times100\%$$

3.钻井液坂土含量测定

$$MBT(g/L)=14.3V$$

式中　MBT——坂土含量,g/L;

　　　　V——每毫升钻井液所消耗的亚甲基蓝溶液的体积,mL。

六、实训数据记录格式

(1)固相含量测定(填入表 2-1 中)。

表 2-1　数据记录

$m_{杯}$/g	$m_{杯+浆}$/g	蒸馏液体积 V/mL		$m_{杯+固}$/g	固相含量/(%)
		水	油		

(2)含砂量测定。

取钻井液体积/mL:＿＿＿＿＿＿。

砂粒体积分数/(%):＿＿＿＿＿＿。

(3)坂土含量测定(填入表 2-2 中)。

表 2 − 2 数据记录

次数	钻井液体积/mL	滴定管中亚甲基蓝溶液体积/ mL			MBT/(g · L⁻¹)	平均 MBT/(g · L⁻¹)
		开始 V_1	终点 V_2	消耗 V		
1						
2						
3						

七、思考题

(1)如果所测钻井液中含有大量可溶性盐,固相含量应怎样修正?

(2)在测量坂土含量时,为什么淡绿-蓝色圈出现后,再搅拌 2min,淡绿-蓝色圈可能消失?

(3)在滴亚甲基蓝时,一次加入 5mL 或更多,会产生什么不良后果?

项目三　钻井液 API 滤失量及 HTHP 滤失量测定

一、实训目的

(1)了解 API 滤失量测定仪的测定原理；

(2)掌握钻井液高温高压滤失的测量方法；

(3)了解温度、压力对钻井液造壁性的影响。

二、实训原理

钻井液滤失量的测定是按照美国石油学会标准(API)进行的,即在 0.689 MPa(或者 4.2 MPa)的气体压力下,记录 30 min 时的失水量。

API 滤失量测定仪是最常用的低温低压条件(或者高温高压条件)下评价钻井液滤失量的仪器,也称作气压滤失仪。其渗透压差为 0.689 MPa,温度为室温,经过 30 min 通过渗滤面积为 45.8 cm²(或者 28.3 cm²)的标准滤失量测定的仪器。该仪器构成主要由气源总体部件、安装板、减压阀、压力表、放空阀、钻井液杯、挂架和量筒等组成(见图 3-1)。

(1)放空阀的工作原理(见图 3-2)。

当放空阀关闭时,即处于图 3-2 所示位置 1,减压阀(A 室)通路密封,气体无法进入钻井液杯内(B 室),而钻井液杯(B 室)与外界大气(C 室)相通。当放空阀打开时,即处于图 3-2 所示位置 2,钻井液杯(B 室)与外界的连通被隔绝,而与减压阀相通,即气体由减压阀输出,经过管道,进入钻井液杯。当放空阀恢复到位置 1 时,这时钻井液杯内压力被放掉,此时可安全地卸下钻井液杯。

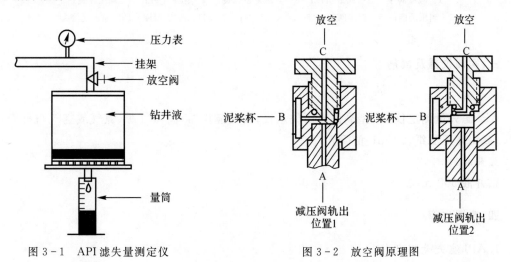

图 3-1　API 滤失量测定仪　　　　　　　　图 3-2　放空阀原理图

(2)减压阀工作原理(见图3-3)。

1)当工作时,顺时针转动调压手柄下压调压弹簧5及膜片组件4将阀芯打开,使高气压室气体经过阀芯通过空隙处(阻尼)进入低气压室。

2)膜片组件就会产生向上推力,试图将阀门关闭,使输出压力下降,作用在膜片上的推力和弹簧压力建立平衡后,减压阀就会以一定大小的固定压力输出。

3)当输入压力发生变化时,如果压力在瞬间升高,输出的压力也随着升高,而作用在膜片上推力也会相应增大,破坏原来的压力平衡状态,从而导致上压调压弹簧,使膜片上移,这时靠高气压室复位弹簧3及阻尼的作用,使阀杆上移,从而减小阀门开口度,节流作用增大,使输出压力下降,致使达到新的压力平衡为止。而重新平衡后的输出压力,基本上又回到原来的调压压力。

4)反之,输入压力瞬时下降,膜片下移,阀门开度增大,节流作用减小,输出压力又基本上回升到原来的数值。这就是减压阀能稳压的工作原理。

总之,减压阀的工作原理是靠进气阀芯处的节流作用减压,靠膜片上力的平衡作用来稳压。

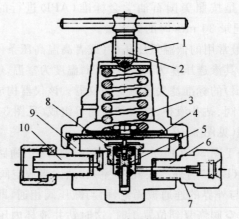

图3-3 减压阀图

1—减压阀座; 2—阀芯组件; 3—高压复位弹簧; 4—阻尼组件; 5—调压弹簧;
6—调压手柄; 7—调压阀盖; 8—输入气接头; 9—$\phi 11 \times 19$密封圈 10—输出气接头

三、实训仪器及试剂

1. 仪器

API滤失量测定仪;42型高温高压失水仪;高速搅拌器;高压气源(氮气或空气);秒表;钢板尺;高温高压滤纸;20 mL量筒。

2. 药品

钻井液500 mL。

四、实训步骤

1. API滤失量测定

(1)使用打气筒失水仪测定。

1）松开减压阀，关死放空阀，打气使气筒压力达到 10MPa 左右，然后顺时针转减压阀，直到压力表读数为 0.689 MPa。

2）用食指堵住钻井液杯通气接头小孔，倒入适量的钻井液，使液面与钻井液杯内刻度线相齐，放好密封圈（擦干），铺一张干滤纸，拧紧钻井液杯盖。然后装入三通接头，并卡好挂架及量筒。

3）缓慢逆时针转放空阀，当压力表指针开始下降或有进气声时及时打气，使压力保持为 0.689 MPa，见第一滴液时开始计时。

4）记录 7.5 min 或 30 min 时的滤失量，取开量筒，顺时针转放空阀，把钻井液杯中余气放尽，取下钻井液杯。

5）7.5 min 所测滤液体积的 2 倍即为 API 失水量（或 30 min 内所测滤液量总体积）。

6）冲净、擦干钻井液杯及杯盖。

（2）使用 ZNS 型 API 中压失水仪测定。

1）逆时针旋转减压阀调压手柄 2，使之成自由状态（此时减压阀高低压室关闭），使气瓶中的气源不能进入减压阀。同时，顺时针旋紧放空阀旋钮（见图 3-4）。

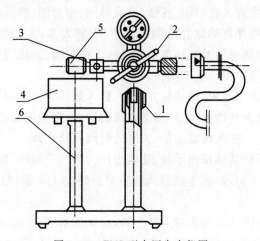

图 3-4　ZNS 型中压失水仪图

1—支架组；　2—减压阀装配；　3—放气阀组；　4—泥浆杯组；　5—量筒挂架；　6—20mL 量筒

2）将泥浆杯及泥浆杯盖和"O"型密封圈等用干布擦拭干净，用手指堵住泥浆杯输气接头端面小输气孔，慢慢倒入被测钻井液至泥浆杯高度的刻度线处（注意钻井液不能装满泥浆杯），先把"O"型密封圈平放在泥浆杯凹槽内（若台阶上沾有钻井液须用布擦干净），然后再把一张定性干滤纸平放在"O"型密封圈上（注意不要浸湿滤纸），将泥浆杯盖放在滤纸上，使杯盖的凸缘夹在泥浆杯的台阶内，再顺时针用力拧紧，使杯与盖的凸缘重叠宽度在 1/2～1/3 左右。注意不要拧得太紧，以避免把滤纸擦破或实验完后难以打开杯盖，但是也不能拧得太松，使钻井液漏失或加压后杯盖滑脱，造成实验失败。

3）将泥浆杯倒过来，使泥浆杯的矩形公接头插入失水仪三通接头的矩形母接头下，向任意方向旋转 1/4 圈使之吻合。

4）将 20 mL 量筒对准泥浆杯盖下的滤水孔，平放在底座上。

5）顺时针旋转调压手柄 2（见图 3-4），使气瓶的气体进入低压室，同时观察减压阀压力表指针,调整压力至 0.69 MPa。

6)按逆时针方向,慢慢旋转放空阀旋钮(见图 3-4),使高压室气体进入低压室,同时观察压力表指示,当压力表指针瞬时发生较大角度下降时,表示压力已经进入泥浆杯,待指针基本稳定后,迅速转动调压手柄调压至 0.69 MPa,即泥浆杯内压力始终保持 0.69 MPa,直至见到第一滴滤液流出开始计时。

7)测定时,若 7.5 min 时的滤失量小于 8 mL,则应连续测量至 30 min。30 min 的滤失量即为 API 滤失量。若 7.5 min 时的滤失量大于 8 mL,则可用 7.5 min 时的滤失量乘以 2,即为该钻井液的滤失量,也为 API 的失水量。本实验为了验证泥浆静失水基本方程,要求测定和记录以下时间的失水量(见表 3-1)。

2.高温高压失水量测定(使用 HTHP 失水仪)

(1)打开仪器箱取出失水仪,接好减压阀管线并与气源相连,将金属温度表插入加热套,接通电源,调节好控温旋钮,预热加热套。

(2)将被测钻井液在高速搅拌器上搅拌 1min。

(3)向钻井液杯内装钻井液。松开钻井液杯上的固定螺钉,取出钻井液杯盖,拧紧钻井液杯盖上的连通阀杆,按顺序放入密封圈、滤纸、过滤筛网、密封圈,然后装上钻井液杯盖,用内六角扳手拧紧固定螺钉,将搅拌好的钻井液倒入杯中,不宜太多,大约离密封圈 20 mm,以免钻井液在加热时因体积膨胀堵死钻井液杯盖小孔。放入密封圈、滤纸、过滤筛网、密封圈、盖上钻井液杯盖,并拧紧固定螺钉。关闭上下阀杆。

(4)将钻井液杯放入加热器内,转动钻井液杯,插入加热套内的固定销子,同时把金属温度计插入到杯内。观察温度上升情况,在加热钻井液的同时,把减压阀组件和回压接收器组件装到钻井液杯的上下阀杆上。插入锁紧插销,关闭防气阀及排水阀。

(5)打开气瓶,顺时针转动减压阀手柄,使输出压力为 0.7 MPa,顺时针转动回压接收器减压阀手柄,输出压力为 0.7 MPa,将上连通阀杆逆时针转动 1/4 圈,打开进气阀(注意:下连通阀杆不用打开)。

(6)观察温度表是否已到实验温度,若已到,增加工作压力到 4.2 MPa,回压压力仍为 0.7 MPa,顺时针方向转动下连通阀杆 1/4 圈,排水处放一量筒,启动秒表计时,此时回压压力慢慢会上升,如果压力过高,打开排放阀卸压(注意:回压压力不应超过 1 MPa)。测量 30 min 后,测得的滤失量再乘以 2,就是该钻井液的滤失量。

(7)实验结束后,关闭上下阀杆,退出减压阀及回压接收器减压阀手柄,打开放空阀把剩余的压力放掉。拔出上下插销,取下减压阀组件及回压接收器组件。

(8)从加热器中取出钻井液杯,并在空气或水中冷却,待冷却后松开上下阀杆,放出剩余压力,用内六角扳手松开锁紧螺钉,打开钻井液杯盖,取出泥饼,将钻井液倒回原钻井液杯,将泥饼在自来水下轻轻冲去浮钻井液,然后用钢板尺测量厚度。

(9)用自来水将钻井液杯、过滤筛网等洗刷干净,晾干以待下一次再用。

(10)说明:当滤失量较大时,为了缩短测量时间,可测 7.5 min 所得滤失量乘以 4 即为该钻井液的滤失量。

五、实训数据处理

(1)API 滤失量测定(见表 3-1)。

表 3-1 数据记录

	时间/min	1	2	3	4	5	6	7.5	10
累计失水量	滤液/mL								
	时间/min	12	14	16	18	20	22	25	30
	滤液/mL								
泥饼厚度/mm									

(2)HTHP 滤失量测定(见表 3-2)。

表 3-2 数据记录

测量时间(30min)		钻井液 HTHP 滤失量	
滤液/mL	泥饼厚度/mm	滤液/mL	泥饼厚度/mm

六、注意事项

(1)在悬挂体内,放气阀上及气源接头的凹槽中皆有"O"形橡胶垫圈,其尺寸要选用合适,并且要经常检查,如有损坏应及时更换。

(2)实验完毕,应将接触钻井液的部件洗净擦干以防生锈。

七、思考题

钻井液滤失量过大对钻井作业有哪些方面的影响?应如何控制钻井液的滤失量?

项目四 钻井液润滑性的测定

一、实训目的

(1)掌握钻井液润滑性测定仪器的使用方法；

(2)掌握钻井液润滑性的调整方法及常见润滑剂对钻井液润滑性能的影响。

二、实训原理

钻井液的润滑性一般指钻井液形成泥饼的润滑性和钻井液本身的润滑性。通常用钻井液泥饼和钻井液自身的润滑系数来表示钻井液润滑性的好坏。

钻井液润滑剂分为液体类润滑剂和固体类润滑剂。液体类润滑剂主要有矿物油、植物油和表面活性剂等，固体类润滑剂主要有塑料小球、石墨、炭黑、玻璃微珠及坚果圆粒等。

液体类润滑剂的润滑作用是通过在金属、岩石和黏土表面形成吸附膜，减少钻具与井壁和套管之间的表面摩擦力；多数固体润滑剂减小摩擦力的原理类似细小滚珠，将钻具与井壁和套管之间的滑动摩擦转化为滚动摩擦，因而可大幅度降低扭矩和阻力。

润滑性能良好的钻井液对钻井工程有以下作用。

(1)减小钻具的扭矩、磨损和疲劳，延长钻头寿命；

(2)减小钻柱的摩擦阻力，缩短起下钻时间；

(3)减少黏附卡钻机率，防止钻头泥包，同时易于处理井下事故；

(4)提高钻井工程整体效益。

1.泥饼黏滞系数测定原理

它是将 API 泥饼平铺在滑板上，滑块放于泥饼上，电机带动滑板转动，到一定角度时滑块开始滑落，滑落时所显示角度的正切值即为泥饼的黏滞系数。

2.EP 型极限压力润滑仪原理

当一个物体在另一个物体表面滑动时，就会产生摩擦力，其大小与作用在摩擦面上的作用力成正比。

三、实训仪器与药品

1.仪器

ZNS 型打气筒失水仪一台；黏滞系数测定仪；高搅机一台；秒表一只；钢板尺一个；20 mL 量筒一个；滤纸；EP 型极限压力润滑仪。

2.药品

待测泥浆 500 mL；固体润滑剂 500 g。

四、实训步骤

1. 泥饼黏滞系数测量（使用黏滞系数测定仪）

（1）接通黏滞系数测定仪的电源，并检查电机、清零及显示屏工作是否正常。

（2）通过手动调节测试板和仪器箱底的升降螺母使仪器测试板水平泡居中。

（3）按清零按钮将数字显示屏归零。

（4）测定基浆的滤失量后，将泥饼平整的放置在测试板上，将长方体滑块以垂直于测试者身体方向，缓慢地放置在泥饼的中心位置。

（5）按动电机按钮，测试板开始以一定的速率缓慢倾斜，直到滑块与泥饼出现相对滑动时，记录下此时显示屏的读数。此读数的正切值即为泥饼的黏滞系数。

（6）在基浆中加入 4% 的固体润滑剂后，按实验步骤（4）和（5）测定滤失后泥饼的黏滞系数。

2. 钻井液润滑性测量（使用 EP 型极限压力润滑仪）

（1）仪器的标定。

1）使仪器侧倒放置，卸下扭力扳手，使试块脱离试环。

2）开动电机，运转 5 min 以上，使电机及主轴承润滑油温度稳定，以确保电机空载电流稳定。

3）在主轴上装好量称杆，用螺钉固定，使其处于平衡临界状态（即主轴的转矩与平衡杆自重所产生的转矩平衡，调节零旋钮，使电表指针指零。

4）在量称杆的一端加一定砝码，电表的读数应符合规律。

（2）试环与试块的标定。

1）清洗试环与试块，要求其接触表面不得有任何杂质油污。

2）将清洗后的试块安装在主轴上，用螺母固定，将试块安放在托架上，检查试环与试块的圆弧是否吻合，如不吻合，使之吻合。

3）在试环内装约 300 mL 的蒸馏水，试环与试块浸在液面以下，在无负载下，开动后，马达转至电流表指针稳定，用调零旋钮调指针指零。

4）扭力扳手放在托架上，调扭力扳手读数刻度盘使指针指零，在运转情况下，扭力扳手缓慢加至 16.95 N·m，运转 5 min，此时的电表读数应在 33～37 之间，蒸馏水的润滑系数在 0.33～0.37 之间。

5）若蒸馏水的润滑系数值小于 0.33，则检查水中是否有油污，要反复检查试环、试块，换蒸馏水再测，若蒸馏水的润滑系数值大于 0.37，则检查试环、试块表面，当确实清洁无它物时，用研磨膏或金相砂纸打磨，在 16.95 N·m 负载下运转，使其合乎要求。

（3）钻井液润滑系数的测定。

1）对蒸馏水标定合格后，将被测试的钻井液装入试样杯中。

2）在无负载下开动马达，运转至电流表指针稳定。

3）用扭力扳手缓慢加至 16.95 N·m，运转 5 min，至电流表指针稳定，记下电表读数乘以 0.01，即为被测试的钻井液的润滑系数值。

4）松开加压手柄，倒出被测钻井液，清洗试环和试块，涂上防锈油。

（4）注意事项。

1)一定要在无负载的情况下开动电机,运转正常后才能逐渐加压,严禁在负载下启动;

2)试环与试块是仪器的关键部件,必须保持其表面光洁,每次用完后必须清洗干净,涂上防锈油。

五、实训数据处理

将所得数据及计算结果整理列表(见表 4-1),计算基浆加入润滑剂后的润滑系数降低率并简要解释原因。

表 4-1 钻井液润滑性测定原始记录表

项 目	滤失量/mL	泥饼/mm	黏滞系数	润滑仪读数	润滑系数
基浆					
基浆＋润滑剂					

润滑系数降低率=(0.087 5-0.078 7)/0.061 2=0.144

六、思考题

实验中所用测定方法适合在实验室内操作,在施工现场如何测量钻井液及泥饼的润滑性?

项目五　钻井液的钙侵及其处理

在钻进过程中,地层里的可溶性盐类(如石膏、岩盐、芒硝),各种流体(油、气、水)以及岩石细粒会使钻井液性能发生不符合施工要求,称之为钻井液受侵。钻进石膏层和水泥塞时会遇到大量钙离子引起钻井液受钙侵的问题。

一、实训目的

(1)了解钙侵对钻井液性能的影响;

(2)掌握钙侵后钻井液的处理方法。

二、实训原理

在钻进过程中,地层里的可溶性盐类(如石膏、岩盐、芒硝),各种流体(油、气、水)以及岩石细粒会使钻井液性能发生不符合施工要求,称之为钻井液受侵。钻进石膏层和水泥塞时都会遇到钻井液受钙侵问题。

当钻井液受到石膏或水泥侵时,在钻井液中出现

$$CaSO_4(s) = Ca^{2+} + SO_4^{2-}$$

$$Ca(OH)_2(s) = Ca^{2+} + 2OH^-$$

由于石膏或水泥提供了大量的 Ca^{2+},而黏土具有离子交换吸附的特性,因此,出现黏土表面钠离子被钙离子置换的现象,使得钠黏土变成钙黏土。Ca^{2+} 与黏土表面的吸附力大于 Na^+,很难被呈极性的水分子"拉跑",因而黏土的 ζ 电势减小,黏土颗粒聚结并的斥力减小,颗粒变粗,网状结构加强加大,致使钻井液的滤失量、黏度、切力增大。在处理时,首先加入稀释剂,使黏土颗粒适度絮凝,根据需要再加入适量降失水剂,从而得到满意的性能。

三、实训仪器设备及药品

1.仪器

六速旋转黏度计;中压失水仪;密度计;高速搅拌器;电子天平;500 mL 烧杯;秒表;pH 试纸。

2.药品

$CaSO_4$;SMT(或 SMC);SMP;钻井液。

四、实训步骤

1.试样准备

此步由实验室人员在实验前完成。在室温下(即水不加热)或加热条件下,配制比重为 1.05 的原浆。配制好后放置几天至十几天,让其中的黏土充分水化分散,使原浆性能基本稳定

下来,临到本实验前加水稀释,冬天可稀释到漏斗黏度约为 20～35 s,夏天可更稀,使漏斗黏度约为 23～26 s。稀释时供参考的加水量约为每升钻井液 100～300 mL。

2.钻井液钙侵的测定

(1)以下各步由学生完成。取 700 mL 原浆于 1 000 mL 钻井液杯中,用密度计、六速旋转黏度计、气压失水仪、钢板尺、pH 试纸分别测定密度(ρ)、表观黏度(AV)、静切力(GeL10min,GeL10s)、API 滤失量(FL)、泥饼厚度(H)和 pH 值,记录数据。测定完性能的钻井液要倒回原1 000 mL 钻井液杯中,泥饼,滤纸弃去。

(2)向 1 000 mL 钻井液杯中加入原浆至 700 mL 刻线,按钻井液体积的 0.5％加入石膏粉(每 100 mL 钻井液加入 0.5 g 石膏粉)。用电动搅拌器充分搅拌,使其与钻井液混合均匀,然后测钻井液性能,记录数据。若发现所测钻井液的滤失量、黏度、切力等值比步骤(1)中所测数据增大,则说明钻井液已经发生钙侵现象。注意测定完性能的钻井液要倒回 1 000 mL 钻井液杯中,以备后用。泥饼和滤纸弃去,钻井液不能洒,否则下步不够用。

3.钻井液钙侵的调整

在原来的 1 000 mL 钻井液杯中准确计量所剩石膏侵钻井液的体积,然后进行处理。向石膏侵钻井液中加入实际钻井液体积 1％～3％SMT(或 SMC)(即 100 mL 钻井液加 1～3 g SMT(或 SMC)),充分搅拌,待黏度降下来后,再加 SMP 1％～3％,充分搅拌均匀后测性能,记录数据。如达不到要求,视情况再加处理剂。

五、数据记录格式(见表 5 - 1)

表 5 - 1　数据记录

钻井液	参　数				pH 值	加药情况	
	$\dfrac{\rho}{g/cm^3}$	$\dfrac{AV}{mPa \cdot s}$	$\dfrac{FL_{API}/H}{mL/mm}$	$\dfrac{\tau_1/\tau_{10}}{Pa/Pa}$		种类	数量/g
原浆							
受侵浆							
处理浆							

注:ρ—钻井液密度;FL_{API}—钻井液 API 失水量;AV—钻进液表观黏度。

六、思考题

(1)加入石膏后,钻井液性能为什么会发生变化,试分析原因。

(2)石膏侵与盐侵的现象有哪些不同?

(3)钻井液钙侵的处理是否只能选择实验中所用的处理剂调整?若不是,还有哪些处理剂可用?

项目六 钻井液用 LV – CMC 及 HV – CMC 性能测定

一、实训目的

(1)了解 LV – CMC 及 HV – CMC 的测试原理;

(2)掌握 LV – CMC 及 HV – CMC 的测试方法。

二、实训原理

钻井液用羧甲基纤维素钠(以下简称 CMC)通常为低黏羧甲基纤维素钠(CMC – LVT)与高黏羧甲基纤维素钠(CMC – HVT)两种类型。它们在钻井液中的主要作用如下:

1)含 CMC 的钻井液能使井壁形成薄而坚、渗透性低的滤饼,使失水量降低。

2)在钻井液中加入 CMC 后,能使钻机得到低的初切力,使钻井液易于放出裹在里面的气体,同时把碎物很快弃于泥坑中。

3)钻井液和其他悬浮分散体一样,具有一定的存在期,加入 CMC 后能使它稳定而延长存在期。

4)含有 CMC 的钻井液,很少受霉菌影响,因此,无须维持很高的 pH 值,也不必使用防腐剂。

5)以 CMC 作钻井液、洗井液处理剂,可抗各种可溶性盐类的污染。

6)含 CMC 的钻井液,稳定性良好,即使温度在 150℃以上仍能降低失水。

备注:高黏度、高取代度的 CMC 适用于密度较小的钻井液,低黏度高取代度的 CMC 适用于密度大的钻井液。选用 CMC 应根据钻井液种类及地区、井深等不同条件来决定。

主要用途:CMC 在钻井液、固井液和压裂液中起降失水、提黏等作用,从而达到护壁、携带钻屑、保护钻头、防止钻井液流失、提高钻井速度的作用。直接加入或配成胶液加入钻井液中,淡水钻井液中加入 0.1%~0.3%,盐水钻井液中加入 0.5%~0.8%。

在测定 CMC 性能时,老的石油行业标准比较烦琐,不仅有黏度、降滤失量等使用性能指标,也有取代度等理化性能指标,新的国家标准按照 CMC – LVT 与 CMC – HVT 两种类型分别测定其使用性能指标,CMC – LVT 主要测定其降滤失量指标,而 CMC – HVT 主要测定其在不同矿化度水中的增黏性能。

三、实训仪器及药品

1.仪器

温度计(0~100℃);天平(精度为 0.01 g);高速变频搅拌机;秒表;API 中压失水仪;量筒(量程为 20 mL)。

2.药品

CMC-LVT(工业级)；氯化钠(化学纯)；API标准评价土；碳酸氢钠(化学纯)。

四、实训步骤

1.试样准备

(1)制备 CMC-LVT(CMC-HVT)溶液。

1)在搅拌器搅拌下，在 60 s 内，以均匀的速度向 350 ± 5 cm^3 去离子水中加入 1.05 g $(0.01 \text{ g/dm}^3\pm0.03 \text{ g/dm}^3)$CMC-LVT (CMC-HVT)。

注意：加入 CMC-LVT(HV-CMC)时应避开搅拌机转轴，以减少损失。

2)搅拌 5 min±6 s 后，从搅拌器上取下搅拌杯，用刮刀刮下黏在杯壁上的所有 CMC-LVT(CMC-HVT)，务必将黏在刮刀上的所有 CMC-LVT 混到溶液中。

3)将搅拌杯重新放到搅拌器上并继续搅拌，每隔 5 min，从搅拌器上取下搅拌杯刮下黏在杯壁上的所有 CMC-LVT(CMC-HVT)，总搅拌时间等于(20±1) min。

4)在(25±1)℃下，将溶液在养护罐中养护 2 h±5 min。

(2)黏土悬浮液制备。

向盛有(350±5) mL，饱和盐水的搅拌杯中，加入(1.0±0.1) g 碳酸氢钠并在搅拌器上搅拌约 1 min。

1)在搅拌器的搅拌下，缓慢加入 35.0±0.1 g API 标准评价土。

2)搅拌 5 min±6 s 后，从搅拌器上取下搅拌杯，用刮刀刮下黏在杯壁上的所有评价土。务必将黏在刮刀上的所有评价土混到悬浮液中。

3)将搅拌杯重新放到搅拌器上并继续搅拌。每隔 5 min，从搅拌器上取下搅拌杯，刮下黏在杯壁上的所有评价土，加评价土后总搅拌时间为(20±1) min。

(3)饱和盐水制备。

每(100±1) mL，去离子水中加入 40～45 g 氯化钠，在一个合适的容器中充分搅拌，配足量体积的饱和盐水溶液。使溶液静置 1 h。将溶液缓慢倒出或过滤至储存容器中。

2.黏度及滤失量测定

(1)将养护后的 CMC-LVT(CMC-HVT)溶液，在搅拌器上搅拌 5 min±6 s。

(2)将溶液倒入与直读式黏度计配套的样品杯。在(25±1)℃时测量黏度计在 600 r/min 的读数，应在读数达到稳定后记录。

3.滤失量测试程序，

(1).将黏土悬浮液在搅拌的状态下，在 60s 内，以均匀的速度向悬浮液中加入 3.15± 0.01 g(9.01 $\text{g/dm}^3\pm0.03 \text{ g/dm}^3$)CMC-LVT(CMC-HVT)。

(2)搅拌 5 min±6 s 后，从搅拌器上取下搅拌杯，用刮刀刮下黏在杯壁上的所有 CMC-LV，务必将黏在刮刀上的所有 CMC-LVT(CMC-HVT)混到悬浮液中。

(3)将搅拌杯重新放到搅拌器上并继续搅拌，每隔 5 min，从搅拌器上取下搅拌杯，刮下黏在杯壁上的所有 CMC-LVT(CMC-HVT)，总搅拌时间等于(20±1) min。

(4)在(25±1)℃下，将悬浮液在养护罐中养护 2 h±5 min。

(5)养护后，将悬浮液在搅拌器上搅拌 5 min±6 s。

(6)立即将悬浮液倒入滤失仪样品杯中，悬浮液倒至离样品杯顶端 13 mm 以内。组装滤失仪样品杯,并将其安装在支架上,关闭减压阀。在排液管下放一容器。

(7)将一个计时器定在 7.5 min±6 s,而另一个定在 30 min±6 s,在 15 s 内同时启动两个计时器,并将样品杯压力调至(690±35) kPa,压力由压缩的空气,氮气或氩气提供。

(8)在第一个计时器的 7.5 min±6 s 时,移开容器并除去黏附在排液管端的液滴。在排液管下放一个干燥的 20 mL 量筒,继续收集滤液至第二个计时器的 30 min 终点,取下量筒并记录收集的滤液体积。

五、数据处理(见表 6-1)

CMC-LVT(CMC-HVT)处理的悬浮液的滤失量为

$$FL = 2V_2$$

式中 FL——滤失量,mL;

      V_2——在 7.5min 至 30min 之间收集的滤液体积,mL。

表 6-1 数据记录

性能		指标	实测值			
			1	2	3	平均值
黏度计/(600 r/min) 格;≥	去离子水中	30				
	40g/L 盐水中	30				
	饱和盐水中	30				
滤失量/mL,≤		10.0				
结论						

注:本篇中从项目六~项目十三,测样品时需取三个平行样进行检测,结果取其平均值,若其中某样品检测结果异常,需加测样品。

六、思考题

CMC-LVT 与 CMC-HVT 黏度有差异的情况下,滤失量测定值有无变化? 为什么?

项目七　钻井液用 KPAM 性能测定

一、实训目的

(1)了解 KPAM 的测试原理；

(2)掌握 KPAM 的测试方法。

二、实训原理

钻井液用聚丙烯酰胺钾盐(KPAM)是由聚丙烯酰胺、丙烯酸和阳离子单体等引发聚合而成,该产品相对分子质量在 $3\times10^6\sim6\times10^6$ 之间,水解度在 30%左右,其外观为白色或淡黄色自由流动粉末。聚丙烯酰胺钾盐可溶于淡水,盐水和咸水,常以 0.5%～1.0%的水溶液形式使用,其抗温性能可达 160～180℃,在钻井液中的加量(折合成干粉)为 0.1%～0.3%。

KPAM 含有羧基、酰胺基等多种活性基团,具有吸附、絮凝、分散等多种功能。KPAM 中的酰胺基可与黏土吸附,羧基的强水化作用在钻井液黏土颗粒表面形成一层厚厚的吸附溶剂化层提高体系聚结稳定性,黏土细颗粒的堵孔作用降低了泥饼的渗透性,能够明显地降低滤失量,由于降低进入地层滤液少,故地层黏土水化膨胀也小,从而间接起到抑制页岩中土的水化作用。故该产品是一种具有抑制泥页岩及钻屑的分散作用,兼有降失水等性能。

KPAM 分子中引入 K^+ 离子,K^+ 离子半径小,可镶嵌进入蒙皂石等高活性黏土矿物的 Si－O 四面体排列的六角环空间中,进而封闭泥页岩微裂缝,故能防止软泥页岩和脆硬性泥岩的水化和剥落,起到稳定井壁的作用。

钻井液用聚丙烯酰胺钾盐(KPAM),不但可适用于低固相不分散聚合物钻井液体系,也可用于分散型钻井液体系,并可与多种处理剂复配使用。

1. 水分含量测定(干燥法)原理

药品中的水分受热以后,产生的蒸气压高于空气在电热干燥箱中的分压,使药品中的水分蒸发出来,同时,由于不断地加热和排走水蒸气,从而达到完全干燥的目的,药品干燥的速度取决于这个压差的大小。

本法以样品在蒸发前后的失重来计算水分含量,因此适用于在 95～105℃ 范围不含其他挥发成分及对热不稳定成分的药品。

2. 筛析法测定原理

筛析法是让试样通过一系列不同筛孔的标准筛,将其分成若干个粒级,分别称重,求得以质量百分含量表示的粒度分布。实训中使用标准筛时,在筛面上放置具有一定的粒径颗粒,这些颗粒只能通过粒径等于和小于筛面孔径大小的颗粒,而大于孔径的颗粒就会剩余在筛面上。

3. 水解度测定原理

聚丙烯酰胺钾盐溶于水中之后,因为会解离出 K^+ 而出现羧基基团。通过向聚丙烯酰胺钾盐溶液中加入盐酸,会出现羧基结合 H^+,而 K^+ 结合 Cl^-。通过测定消耗 HCl 的量,而得出已经水解的聚丙烯酰胺钾盐的量,然后根据聚丙烯酰胺钾盐的总量,算出水解度。

4. Cl^- 测定原理

$$Cl^- + Ag^+ = AgCl\downarrow$$

5. 纯度测定原理

聚丙烯酰胺钾盐不溶解于乙醇,但聚丙烯酰胺钾盐中的小分子物质可以经过醇洗被洗出来,经过过滤将小分子物质和乙醇滤除,剩余的为聚丙烯酰胺钾盐和部分未滤出的乙醇。通过加热剩余固体挥发出乙醇,最后剩余固体为聚丙烯酰胺钾盐。

三、实训仪器及药品

1. 仪器

标准筛(孔径 0.90 mm 或 20 目);超级恒温水浴锅;乌氏黏度计(毛细管直径 0.55~0.57 mm);马弗炉(最高温度 1 000℃,控温灵敏度×10℃);页岩膨胀测试仪(NP-O1 型);药物天平(分度值 0.001 g);分析天平(分度值 0.000 1 g);称量瓶(50 mm×30 mm);磁力搅拌器(78-1型)。

2. 药品

无水乙醇;氯化钠;双氧水;氢氧化铝粉末;甲醛溶液;硝酸钠;铬酸钾指示液;硝酸银;盐酸;氢氧化钠;氯化钾;四苯硼钠;十六烷基三甲基溴化铵。

四、实训步骤

1. 外观的测定

肉眼观察为白色或淡黄色粉末。

2. 水分含量的测定

用在(105±2)℃下干燥 2 h 已知质量的称量瓶,称取约 3~4 g 试样(准确至 0.001 g),放于(105±2)℃烘箱中烘 4 h 后取出,立即放入干燥器内冷却 30 min 后称量,水分含量按下式计算:

$$W = \frac{m_2 - m_3}{m_2 - m_1} \times 100\%$$

式中　W —— 水分含量,%;

m_2 —— 试样和称量瓶质量,g;

m_3 —— 干燥后试样和称量瓶质量,g;

m_1 —— 称量瓶质量,g。

3. 筛余量的测定

称取试样 50 g(称准至 0.001 g),放在孔径为 0.90 mm 的标准筛(见表 7-1)中。立即用手摇动,拍击标准筛直至试样不再漏下为止,称筛余物的质量,并用下式计算筛余量:

$$F = m_4 / m \times 100\%$$

式中　F——筛余量,%;

m_4——筛余物质量,g。

表 7 – 1　标准筛的目数与筛面孔径的关系

目数	孔径/mm	目数	孔径/mm	目数	孔径/mm	目数	孔径/mm
2	8 000	16	1 000	45	325	120	120
3	6 700	18	880	48	300	125	115
4	4 750	20	830	50	270	130	113
5	4 000	24	700	60	250	140	109
6	3 350	28	600	65	230	150	106
7	2 800	30	550	70	212	160	96
8	2 360	32	500	80	180	170	90
10	1 700	35	425	90	160	175	86
12	1 400	40	380	100	150	180	80
14	1 180	42	355	115	125	200	75

4. 水解度的测定

称取 0.04 g 经(105±3)℃干燥 4 h 的试样(精确至 0.000 1 g)于 250 mL 干燥、清洁的锥形瓶中,加入约 100 mL 水,在电磁搅拌器上搅拌溶解约 30 min。加入一滴酚酞指示剂,若显红色,用盐酸标准溶液滴定至红色刚消失(不计盐酸用量);若不显红色,说明无残留碱,可直接加入甲基橙和靛蓝二黄酸钠指示剂各一滴,溶液呈黄绿色,用盐酸标准溶液滴定至黄绿色变为灰色即为滴定终点。记下消耗盐酸标准溶液的毫升数 V,并用下式计算水解度:

$$A = \frac{CV \times 71}{1\,000m - 39CV} \times 100\%$$

式中　A——水解度,%;

　　　C——盐酸标准溶液的浓度,mol/L;

　　　V——滴定样品所消耗盐酸的量,mL;

　　　71——丙烯酰胺单链节的摩尔质量,g/mol;

　　　m——称取试样的质量,g;

　　　39——钾离子的摩尔质量,g/mol。

5. 氯离子含量的测定

1)称取 0.04 g 经(105±3)℃干燥 4 h 的试样(精确至 0.000 1 g)于 150 mL 烧杯中,加几滴无水乙醇润湿后,加入约 100 mL 蒸馏水,在电磁搅拌器上搅拌至完全溶解。然后转移至 500 mL 容量瓶中,洗烧杯至样品全部转移,用蒸馏水稀释至刻度,摇匀,此溶液为试液 A。

2)用 50 mL 移液管移取试液 A 50 mL 于 250 mL 三角瓶中,加 3% 双氧水 5 mL,摇匀,并在电炉上微沸 2 min,冷却,加 50 g/L 铬酸钾 10 滴,用 0.1 mol/L 硝酸银标准溶液滴定至砖红色刚刚出现为滴定终点,记下消耗硝酸银标准溶液的毫升数 V,并用下式计算氯离子含量:

$$L = \frac{CV}{m} \times 35.44 \times 100\%$$

式中　L——氯离子的含量,%;

　　　C——硝酸银标准溶液的浓度,mol/L;

　　　V——滴定中消耗硝酸银标准溶液的体积,mL;

　　　m——称取试样的质量,g;

　　35.44——系数。

6. 纯度的测定

1) 取一根较细的玻璃棒和一张中速定量滤纸(按漏斗大小折叠好)放 150 mL 洁净、干燥的烧杯中,在(105±3)℃下烘干 4 h 后称玻璃棒、滤纸及烧杯的总质量。

2) 用上述已烘干的烧杯称取已在(105±3)℃下烘干 4 h 的试样 1 g(称准至 0.001 g),加入预热到 30℃的 95%乙醇溶液 40 mL,用玻璃棒搅拌溶解(约 2 min),稍静置澄清后,将上部清液倒入上述已烘干中速定量滤纸的漏斗中过滤。再加入 30℃的 95%乙醇溶液 40 mL,重复上述步骤两次,最后将滤纸、玻璃棒和含有残留样品的烧杯一起放入(105±3)℃的干燥箱中干燥 4 h,待烘干后称其总质量。纯度按下式计算:

$$C = \frac{m_3 - m_1}{m_2 - m_1} \times 100\%$$

式中　C——纯度,%;

　　　m_3——醇洗并烘干后残留样品、烧杯、玻璃棒及滤纸的总质量,g;

　　　m_2——醇洗前样品、烧杯、玻璃棒及滤纸的总质量,g;

　　　m_1——烧杯、玻璃棒及滤纸的总质量,g。

7. 钾含量的测定

1) 称取已在(105±3)℃下烘干 4 h 的试样 0.2 g(精确至 0.000 1 g)于已烘干的瓷坩锅中,在 600℃马弗炉中灰化,待样品灰化完全后,冷却,加数滴盐酸酸化,加蒸馏水溶解,转入 100 mL 容量瓶中,加入 20 mL 四苯硼钠溶液、20 mL 20%氢氧化钠、5 mL 36%甲醛溶液,稀释至刻度,摇匀放置 15min,过滤。

2) 取滤液 50 mL 于三角瓶中,加 7~8 滴达旦黄指示剂,用十六烷基三甲基溴化胺溶液滴定至溶液由黄色变为粉红色即可,记下消耗十六烷基三甲基溴化胺的毫升数 V_2,并按下式计算钾含量:

$$H = \frac{T(0 - 2V_2 \times 5/V_0)}{m} \times 100\%$$

式中　H——钾含量,%;

　　　V_2——试样消耗十六烷基三甲基溴化胺的毫升数,mL;

　　　V_0——四苯硼钠消耗十六烷基三甲基溴化胺的毫升数,mL;

　　　T——滴定度,g/mL;

　　　20——移取四苯硼钠的毫升数,mL;

　　　5——移取四苯硼钠的毫升数,mL;

　　　m——样品的质量,g。

五、数据处理(见表 7－2)

表 7－2 数据处理

项 目	指 标	测定值			
		一次	二次	三次	平均
外观	白色或淡黄色粉末				
筛余量/(%)	≤10.0				
水分/(%)	≤10.0				
纯度/(%)	≥75.0				
水解度/(%)	27.0～35.0				
钾含量/(%)	≥11.0				
氯离子含量/(%)	≤7.0				
结论					

六、思考题

KPAM 为大分子聚合物,在测定过程中如何能快速地溶解?

项目八　钻井液用磺化沥青性能测试

一、实训目的

(1)了解磺化沥青的测试原理；

(2)掌握磺化沥青的测试方法。

二、实训原理

目前使用的磺化沥青(Sulfonated Asphalt)实际上是磺化沥青的钠盐，它是常规沥青用发烟 H_2SO_4 或 SO_3 进行磺化后制得的产品。

磺化沥青中由于含有磺酸基，水化作用很强，磺酸基吸附在钻屑颗粒和井壁黏土矿物表面，水化基团吸附大量自由水变成束缚水，在钻屑表面形成一层束缚水薄膜阻止和减弱自由水分子与钻屑和井壁周围的黏土矿物相接触，这在一定程度上减弱了黏土的水化膨胀，可阻止页岩颗粒的水化分散起到防塌作用。同时不溶于水的部分能够在一定的温度和压力下软化变形，从而封堵裂隙，并在井壁上形成一层致密的保护膜。在软化点以内，随温度升高，氧化沥青的降滤失能力和封堵裂隙能力增加，稳定井壁的效果增强。但超过软化点后，在正压差作用下，会使软化后的沥青流入岩石裂隙深处，因而不能再起封堵作用，稳定井壁的效果变差。但随着温度的升高，磺化沥青的封堵能力会有所下降。

磺酸基的强水化作用在钻井液黏土颗粒表面形成一层厚厚的吸附溶剂化层提高体系聚结稳定性，黏土细颗粒的堵孔作用降低了泥饼的渗透性，能够明显地降低滤失量，由于降低进入地层滤液少，故地层黏土水化膨胀也小，从而间接起到抑制页岩中土的水化作用。故该产品是一种具有抑制泥页岩及钻屑的分散作用，兼有降失水等性能。

磺化沥青在钻井液中还起润滑和降低滤失量的作用，是一种堵漏、防塌、润滑、减阻、抑制等多功能的有机钻井液处理剂。通过上述分析，磺酸钠基的含量、水溶物含量、油溶物含量为该产品的主要指标。

1. 磺酸钠基含量测定原理

$$SO_4^{2-} + Ba^{2+} \Longrightarrow BaSO_4 \downarrow$$

磺化沥青中含有游离的 SO_4^{2-}，会影响磺酸钠基含量的测定，因此需经过洗涤消除游离的 SO_4^{2-} 含量的影响；但在测定全硫含量时，是将磺化沥青样品经过灼烧使得磺酸钠基变为硫酸盐，进而得到 SO_4^{2-} 含量的，此时需要将游离的 SO_4^{2-} 含量扣除，才可得到磺化沥青中的磺酸钠基所对应的 SO_4^{2-} 含量，根据磺酸钠基与 $BaSO_4$ 间的换算关系得到磺酸钠基的含量。

2. 水溶物含量测定原理

利用抽滤的原理，用蒸馏水将磺化沥青中可溶于水的物质溶解清除掉，再将不溶物经过烘干得到净质量，然后根据样品前后质量差就可求出水溶物含量。

3.油溶物含量测定原理

根据相似相容原理,用四氯化碳将磺化沥青中油溶性物质溶解并抽滤掉,再将油不溶物经过烘干得到净质量,然后根据样品前后质量差就可求出油溶物含量。

三、实训仪器及药品

1.仪器

天平(感量 0.1 mg);烘箱(量程为室温至 200℃,控温灵敏度为±2℃);高温炉(最高温度 1 000℃,控温灵敏度±10℃);高速搅拌器(负载转速为(12 000±300) r/min);高温高压滤失仪(71 型);ZNN-D6 型六速旋转黏度计或同类产品。

2.药品

盐酸;氯化钡;氢氧化钠;氢氧化钡;活性炭(粉状);硝酸银;四氯化碳;氢氧化钡饱和溶液;试验用钠膨润土;评价土;精密 pH 试纸。

四、实训步骤

1.pH 值测定

称取 2.0 g 试样,放入 300 mL 烧杯中,加蒸馏水 200 mL,搅拌溶解 30 min,用玻璃棒滴溶液于 pH 试纸上,对照标准色阶读数。

2.磺酸钠基含量

(1)游离硫酸根测定。

1)称取 0.5 g 试样(称准至 0.000 1 g),放入 200 mL 烧杯中,加入 50 mL 蒸馏水,加热煮沸 10 min。

2)用 1+1 盐酸溶液调 pH 小于 1 后,再加活性炭 3.5～4.0 g,充分搅拌 5 min,使磺酸基团充分被吸附。再煮沸 3 min,趁热用定性中速滤纸过滤于 250 mL 烧杯中,最后用 1%盐酸洗至无硫酸根为止(用 1%氯化钡溶液检查)。

3)滤液加热浓缩至约 100 mL 时,用 5%氢氧化钠溶液调节 pH 不大于 5,再滴加 10%氯化钡溶液 5 mL,沉淀硫酸根。在 60～80℃温度下恒温 1 h。

4)沉淀物用定量慢速滤纸过滤,用约 80℃的蒸馏水洗至无氯离子为止(用 1%硝酸银溶液检查)。将沉淀物及滤纸放入已恒重的坩埚中,在电炉上灰化后,移入高温炉中,在 850℃下灼烧 1 h,取出置于干燥器中,冷却至室温后称量。

(2)全硫的测定。

1)称取约 0.5 g 试样(称准至 0.000 1 g),放入 30 mL 瓷坩埚中,加入约 5～10 mL 蒸馏水,使试样溶解,再加入 0.5 g 固体氯化钡,边搅拌边缓慢加热至沸,待近干后,加入 10 mL 氢氧化钡胶体溶液,蒸至近干,放入高温炉中,在 850℃下灼烧 1 h。

2)用 1+1 盐酸溶液 10 mL 溶解试样,使沉淀物无黑灰色(否则应重做),转入 200 mL 烧杯中,煮沸过滤,用蒸馏水洗至无氯离子为止(用 1%硝酸银溶液检查)。

3)将沉淀物及滤纸转入坩埚中并在电炉上灰化后,移入高温炉中,在 850℃下灼烧 1 h,取出置于干燥器中,冷却至室温后称量。

4)计算。按以下公式计算磺酸钠基含量:

$$X_1 = \left(\frac{m_2}{m_1} - \frac{m_4}{m_3}\right) \times 0.441\,2 \times 100\%$$

式中　X_1——磺酸钠基含量,%;

　　　m_2——测定全硫时硫酸钡的质量,g;

　　　m_4——测定游离硫酸根时硫酸钡的质量,g;

　　　m_1——测定全硫时试样的质量,g;

　　　m_3——测定游离硫酸根时试样的质量,g;

　0.441 2——磺酸钠基与硫酸钡的换算系数。

3.水溶物含量

1)取 0.2～0.3 g 脱脂棉放入一个用镜头纸卷成的纸卷中,在(105±2)℃下烘干 2 h 备用。

2)称取研细并过筛孔 0.28 mm 筛的试样 0.5 g(称准至 0.000 1 g),放入上述纸卷中包严后称量,再放入抽提器内的样品杯中,将样品杯挂在抽提器内微型冷凝管下方。

3)往抽提器中注入 250～300 mL 蒸馏水。将抽提器放入电热套内加热并保持沸腾状态,待流出液无色为止。取出样品杯,将纸卷置于干燥箱中,在(105±2)℃下干燥 2 h,取出放入干燥器中,冷却至室温后称量。

4)按下式计算水溶物含量:

$$A = \frac{m_5 - m_6}{m_7} \times 100\%$$

式中　A——水溶物含量,%;

　　　m_5——脱脂棉擦镜纸及试样质量,g;

　　　m_6——脱脂棉擦镜纸及残留物质量,g;

　　　m_7——试样质量,g。

4.油溶物含量

1)取 0.2～0.3 g 脱脂棉放入一个用镜头纸卷成的纸卷中,在(105±2)℃下烘干 2 h 备用。

2)称取研细并过筛孔 0.28 mm 筛的试样 0.5 g(称准至 0.000 1 g),放入上述纸卷中包严后称量,再放入抽提器内的样品杯中,将样品杯挂在抽提器内微型冷凝管下方。

3)往抽提器中注入 250～300 mL 四氯化碳。将抽提器放入电热套内加热并保持沸腾状态,待流出液无色为止。取出样品杯,将纸卷置于干燥箱中,在(105±2)℃下干燥 2 h,取出放入干燥器中,冷却至室温后称量。

4)按下式计算油溶物含量:

$$A = \frac{m_5 - m_6}{m_7} \times 100\%$$

式中　A——油溶物含量,%;

　　　m_5——脱脂棉擦镜纸及试样质量,g;

　　　m_6——脱脂棉擦镜纸及残留物质量,g;

　　　m_7——试样质量,g。

5.高温高压滤失量

1)量取 350 mL 蒸馏水,加入 14.0 g 试验用钠膨润土,高速搅拌 20 min,倒入养护罐中静置 24 h 后,加入 7.0 g 铁铬木质素磺酸盐和 7.0 g 评价土,低速搅拌 30 min 后,用氢氧化钠调至 pH 值为 10,再高速搅拌 20 min 作为基浆。

2)向基浆中加入 7.0 g 试样,低速搅拌 30 min,用氢氧化钠调 pH 为 10,高速搅拌 20 min 再低速搅拌 1 h,测其在温度 150℃、压差 3.45 MPa 条件下的高温高压滤失量。

6.表观黏度降低率和动切力降低率

在 4 个高搅杯中各量取 400 mL 蒸馏水,加入 28.6 g 试验用钠膨润土和 0.1 g NaOH 高速搅拌 20 min,密闭养护 24 h。其中两个高搅 5 min 测试表观黏度和动切力,另外两个各加入 8.0 g 样品高搅 20 min 后测试表观黏度和动切力。表观黏度和动切力降低率按下式计算:

$$F_1 = \frac{AV_1 - AV_2}{AV_1} \times 100\%$$

$$F_2 = \frac{YP_1 - YP_2}{YP_1} \times 100\%$$

式中: F_1——表观黏度降低率,%;

AV_1——基浆表观黏度,mPa·s;

AV_2——加样后表观黏度,mPa·s;

F_2——动切力降低率,%;

YP_1——基浆动切力,Pa;

YP_2——加样后动切力,Pa。

五、数据处理及分析(见表 8-1)

表 8-1 数据处理

项　目	指　标	测定值			
		一次	二次	三次	平均
pH	8～9				
磺酸钠基含量/(%)	≥10.0				
水溶物含量/(%)	≥70.0				
油溶物含量/(%)	≥25.0				
高温高压滤失量/(mL·30min⁻¹)	≤25.0				
表观黏度降低率/(%)	≥45				
动切力降低率/(%)	≥50				
结论					

六、思考题

磺化沥青的软化点在钻井液使用过程中如何发挥作用?

项目九　钻井液用超细碳酸钙性能测试

一、实训目的

(1)了解超细碳酸钙的测试原理;

(2)掌握超细碳酸钙的测试方法。

二、实训原理

(1)滤失性能测试原理同项目三实验原理。

(2)水分的测试原理同项目七水分测试原理。

(3)甘氏瓶法测密度原理:通过用固定质量的空密度瓶,在相同条件下装入两种不同的物质,若是所测物质(质量已知)不能装满,则需用另一种物质补充至充满并除去空气。根据同一种物质的体积差,得出所测物质的体积,进而得到所测物质的甘氏密度。

(4)碳酸钙含量测定原理:根据碳酸钙与 EDTA 的络合比,通过消耗 EDTA 的量求出碳酸钙的质量。

(5)酸不溶物测定原理:使用一定浓度的盐酸将碳酸钙和酸溶物进行溶解,并将不溶物清洗干净。烘干不溶物,称得其质量,得到酸不溶物含量。

三、实训仪器及药品

1.仪器

高速变频搅拌机;恒温鼓风干燥箱;超级恒温水浴;秒表;玻璃仪器气流干燥器;ZNS-1型滤失仪;分析天平;称量瓶;甘氏密度瓶;量筒 20 mL 。

2.药品

羧甲基纤维素钠;盐酸;煤油;碳酸钙;氢氧化钠;三乙醇胺;钙指示剂,分散剂;异丙醇;无水乙醇;苯。

四、实训步骤

1.滤失性能测试

(1)基浆配制。

按每 500 mL 水中加入 7.5 g CMC 和 15 mL 异丙醇的比例配基浆。称取 7.5 g CMC 加 15 mL 异丙醇润湿后,逐渐加入自来水至总加水量为 400 mL 全部溶解,边加边搅拌,加完后高速搅拌 30 min,务必使 CMC 鱼眼消失,否则不能作为基浆。再用 100 mL 水洗杯子合并溶液。根据样品数量,一次可配 1~5 L 。

（2）基浆处理。

称取 14.0 g 样品加入 350 mL 基浆中,用高速搅拌器搅 5 min 放置 10 min 后测性能。

（3）滤失性能测试。

参考项目六 3.滤失量测试程序中（6）～（8）步骤。但用两只量筒分别接滤液,滤液由线状流变滴流,由浑浊变清亮,立即换量筒,第一个量筒中液体的体积称为初损。

从开始测定起,30 min 后两个量筒中滤液体积之和为滤失量。

2.水分含量的测定

用在 105±2℃下干燥 2 h 已知质量的称量瓶,称取约 3～4 g 试样准确至 0.001 g,放于 105℃±2℃烘箱中烘 4 h 后取出,立即放入干燥器内冷却 30 min 后称量,水分含量按下式计算:

$$W = \frac{m_2 - m_3}{m_2 - m_1} \times 100$$

式中　W——水分含量,%;

　　　m_2——试样和称量瓶质量,g;

　　　m_3——干燥后试样和称量瓶质量,g;

　　　m_1——称量瓶质量,g。

3.甘氏瓶法测密度

1）取洗净、干燥、已知质量（称准至 0.001 g）的空密度瓶,注满煤油,塞好瓶塞,放入 (32±0.1)℃超级恒温水浴中（水应淹没至密度瓶颈部）。在此温度下保持 1 h,用滤纸不时地擦去从毛细管中溢出的煤油。从恒温水浴中取出密度瓶,擦净外部,冷却至室温后称重（称准至0.001 g）。

2）倾去煤油,用苯、无水乙醇洗涤密度瓶并干燥,然后装入约 50 g 已在（105±3）℃下干燥冷却的试样,塞好瓶塞,称重（称准至 0.001 g）,取下瓶塞,加入煤油至高于试样面约 1 cm。将密度瓶放入真空干燥器内,连接真空泵进行抽吸,待混入的空气全部被抽尽不再有气泡出现,将真空干燥器与大气接通,关闭真空泵,取出密度瓶,添加煤油至满,等上部煤油澄清后,塞好瓶塞,用滤纸擦去溢出的煤油。置密度瓶于（32±0.1）℃的超级恒温水浴中保持 1 h,用滤纸不时地擦去溢出的煤油。

3）从恒温水浴中取出密度瓶,擦干净外部,冷却至室温后称重（称准至 0.001 g）,样品的密度 $\rho_{甘}$ 按下式计算:

$$\rho_{甘} = \frac{(m_3 - m_1)\rho_1}{(m_2 - m_1) - (m_4 - m_3)}$$

式中　$\rho_{甘}$——密度,g/cm³;

　　　ρ_1——煤油在 32℃时的密度,g/cm³;

　　　m_1——空密度瓶的质量,g;

　　　m_2——密度瓶盛满煤油后的质量,g;

　　　m_3——盛有试样的密度瓶质量,g;

　　　m_4——有试样注满煤油后的密度瓶喷量,g。

4.碳酸钙含量测定

1)准确称取已干燥过的试样(1 ± 0.011) g 置于 250 mL 烧杯中,加入少量蒸馏水(约 2 mL)及 25 mL 稀盐酸,待反应停止后,加热至沸除去 CO_2。过滤,弃去残渣,将滤液全部转入 1 000 mL 容量瓶中,稀释至刻度摇匀。吸取该液 25 mL,加入 25 mL 水和 10 mL 三乙醇胺。再加入 5 mL 氢氧化钠及 10 mg 左右钙指示剂。用 EDTA 标准溶液滴至溶液由红变紫,再转变为纯蓝色为止。

2)按下式计算碳酸钙含量:

$$碳酸钙含量 = 0.100\ 1MV/0.25m\times100\%$$

式中　M——EDTA 的浓度,mol/L;

　　　V——EDTA 的用量,mL;

　　　m——样品质量,g;

　0.100 1——碳酸钙的摩尔质量,g/mol。

5.酸不溶物含量测定

1)称取在(105 ± 3)℃下干燥 2 h 的试样(1 ± 0.01) g(m_1),放入 200 mL 烧杯中,加水润湿后滴加 15%盐酸 25 mL,待反应停止后,转入已知质量的玻璃坩埚(m_2)中抽滤,用蒸馏水洗至无氯离子为止(用 1%$AgNO_3$ 检查)。

2)将玻璃坩埚置于干燥箱中,在(105 ± 3)℃下干燥 2 h,取出放入干燥器中,待冷至室温后进行称量(m_3)。

3)按下式计算酸不溶物含量:

$$酸不溶物含量 = \frac{m_3-m_2}{m_1}\times100\%$$

式中　m_1——试样质量,g;

　　　m_2——玻璃坩埚质量,g;

　　　m_3——玻璃坩埚及残渣质量,g。

6.粒度测定

1)在 50 mL 的量杯内盛大约 30 mL 的蒸馏水(以循环进样器为例)。

2)用取样勺取 1 g 的待测样品,投入量杯中。

3)在量杯内滴入适量的分散剂,用玻璃棒搅拌悬浮液;样品与液体应混合良好,否则要更换悬浮液或分散剂。

4)将量杯放入超声波清洗机中,让清洗槽内的液面到达量杯总高度的 1/2 左右,打开电源,让其振动 2 min 左右(振动时间可长可短,视具体样品而定;对容易下沉的样品,应边振动边用玻璃棒搅拌杯内液体)。

5)打开软件并记录数据。

6)关掉电源,取出量杯。

五、数据处理及分析(见表 9 - 1)

表 9 - 1　数据处理及分析

试验内容		指　标		测定值			
		Ⅰ 型	Ⅱ 型	一次	二次	三次	平均
密度/(g・cm^{-3})		2.70±0.1	2.50±0.1				
粒　度	大于 20 μm/(%)	≤20.0	≤5.0				
	X_{50}/μm	4.0~10.0	2.0~4.0				
	小于 2 μm/(%)	≤30.0	≤40.0				
碳酸钙含量/(%)		≥97.0	≥97.0				
水分含量/(%)		≤1.0	≤1.0				
酸不溶物含量/(%)		≤1.0	≤1.0				
基浆加 4% 样品	初损/mL	≤5.0	≤25.0				
	滤失量/mL	≤20.0	≤60.0				
结　论							

六、思考题

超细碳酸钙中含有哪些杂质？是否可以确定？

项目十 油井水泥浆配置与基本性能测定

一、目的和要求

了解油井水泥浆 API 标准的一般性能测试方法。

二、实验原理

水泥浆的水灰比(W/C)即制备水泥浆所需用水的质量(W)与所需用水泥干灰的质量(C)之比。水泥与水混合配成均质浆体,适应泵送及最低流动阻力,且浆体稳定水泥颗粒不沉降又不能离析出超过规定的清液。要满足上述要求,各级水泥应具有合理的水灰比(W/C),API 纯水泥标准的水灰比见表 10-1。

表 10-1 API 纯水泥标准的水灰比

水泥级别	A	B	C	D	E	F	G	H
水泥浆密度/(g·cm⁻³)	1.87	1.87	1.78	1.97	1.96	1.94	1.895	1.974
W/C	0.46	0.46	0.56	0.38	0.38	0.38	0.44	0.38

三、实训仪器及药品

1)YM 型液体密度计或者同类等效产品;

2)加压式液体密度天平秤或者同类等效产品;

3)流动度测定仪或者同类等效产品;

4)维卡仪(凝结时间测定仪)或者同类等效产品。

四、实训步骤

1.水泥浆的制备

(1)手搅法配浆。

根据油井水泥 API 规范,正常密度的 G 级水泥浆应按水灰比(W/C)为 0.44 配制。按这个要求计算,在台秤上秤取定量的水泥,用有刻度的玻璃筒量取定量的自来水。若使用添加剂,则要求将预先秤好的添加剂放入量取好的自来水中溶化,并倒入 1 000 mL 的搪瓷量杯中。再将秤好时水泥在 15 s 内,一边搅拌一边均匀地加入水中,而后再用搅棒匀速搅拌 3 min,水泥浆即配成。

(2)API 规范配浆。

用同上述手搅法一致的方法称取水泥,量取自来水,称取并溶好添加剂。然后,将所需的水放在混合容器中,搅拌器以低速((400±200) r/min)转动,并在 15 s 内加完水泥样品,在所有水泥干粉加进水里后,盖上搅拌器的盖子,并在高速((12 000±500) r/min)下继续搅拌 35 s,水泥浆即配成。

2.密度测定

(1)常压式液体密度天平秤。

水泥浆单位体积的质量称为水泥浆的密度。常以克/厘米³(g/cm³)表示。常压式液体密度天平秤的构造如图 10−1 所示。

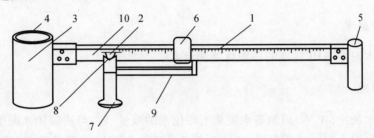

图 10−1 比重计

1—泥浆杯及盖; 2—秤臂; 3—水平气泡; 4—支点; 5—活动游码; 6—支架; 7—底架盘

实验测定前对密度计进行校定:将浆杯中盛满自来水,盖好杯盖,擦净溢出水,放置在支架刀口上,移动游码至 1.0 处,秤臂应成水平,气泡应居中央。如不平衡应进行调整。

将配好的水泥浆,充分搅拌 20 s 后,注入密度计浆杯内,盖上浆杯盖,慢慢向下旋转,让多余的水泥浆从杯盖的溢流孔中流出,确保杯盖外缘与浆杯上缘紧密接触后,再用拇指堵住溢流孔,用水清洗掉浆杯外的水泥浆,并擦干,然后进行测量。测量方法与标定相同,游码所指示的数值即为该水泥浆的密度。单位为 g/cm³。

(2)加压式液体密度天平秤。

水泥浆在制备过程中,由于搅拌器的高速旋转,混入大量肉眼不易见到的微小气泡,采用常规的测试方法,密度往往略偏小。为了能获得更准确的密度值,API 标准中采用了加压式液体天平秤,结构如图 10−2 所示。其标定方法与常压式液体密度天平秤相同。即用水或已知密度较重的液体放入样品杯中进行校定。

加压式液体密度天平秤使用说明。

1)开始用待测密度的水泥浆注入样品杯,水泥浆注入杯子上边之下稍微低的一个水平面处约 1/4 英寸(6.4 mm)高。

2)当单流阀在下面(开启)位置时,盖上样品杯的盖子,向下推盖子,使它进入杯口直到盖子的外缘与样品杯的上缘接触为止。多余的水泥浆通过单流阀排出。当盖

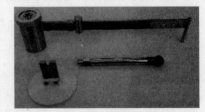

图 10−2 加压式液体密度天平秤

上杯盖时,向上把单流阀拉到关闭位置,用水冲洗杯子和螺纹,并拧紧杯上的螺帽。

3)加压柱塞的操作方式与注射器相似。把活塞杆完全推入柱塞内,柱塞组件的管口浸没在水泥浆中,然后向上拔出活塞杆,从而水泥浆就充满了柱塞圆筒。

4)将柱塞的筒口端部与单流阀相连。为使样品杯内增压,必须在柱塞筒上施加向下压力。使单泛阀向下开启,然后再迫使活塞杯向下移动,保持大约 50 磅(225 N)或更大的力。

5)盖子上的单流阀是靠压力推动的。意思是加在浆杯内的压力迫使阀上行或使它处于关闭位置,因此在活塞杆上保持一定的压力时,阀逐渐向上移动到圆筒室而关闭。当单流阀关闭时,在拆开柱塞前,解除活塞杆上的压力。

6)现在加压水泥浆样品已做好称量的准备,把杯子外部洗净、擦干,然后按照图 1-13 所示把仪器放在刀口上,向左或右移动游码,直到秤杆平衡为止。当附着的气泡在两个黑色标记的中央时,秤杆平衡,读出游码箭头那边四个校准尺中的一个,即可得出密度。密度可用磅/加仑、比重、磅/英寸^3 及磅/英尺^3 等单位直接读出,这些值可用转换系数转换为千克/升(kg/L)。

7)向下推动单流阀来释放压力。这可以通过重新连接空柱塞组件并向下推到圆筒室上来实现。

为了使单流阀处于最好的工作状态,盖子和圆筒应经常用防水润滑脂进行润滑。

3.流动度测定

流动度表示水泥浆沿管子流动的可能性(即表示水泥浆流动的难易程度),是用定量的水泥浆所摊成圆饼后的平均直径(cm)来表示的,其仪器如图 10-3 所示。中空的截头圆锥体(阿兹圆锥)容积为 120 cm^3,质量为 300 g,其内表面要求光滑。

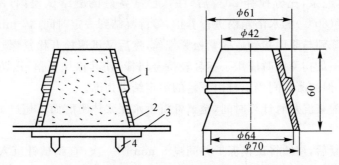

图 10-3　流动度测定仪
1—圆锥体；2—玻璃板；3—同心底盘；4—调平螺丝

实验前,将截头圆锥内表面及玻璃板擦干净,并将圆锥放在玻璃板正中,重合于玻板下带同心度的圆盘并找平。将配到好的水泥浆充分搅拌 20 s,迅速注入锥体内,并迅速刮平,紧接着将锥体垂直方向迅速上提,待水泥浆在玻板上摊开成圆饼状后,测量摊饼垂直方向的直径,取平均值作为水泥浆流动度。

4.凝结时间测定

水泥是一种无机的水硬性胶凝材料,它与水混合后立即发生一系列的物理、化学变化,浆体逐渐由液态转变为固态,这个变化过程就是水泥浆的凝结过程。

水泥浆不断水化,其结构强度不断增加,一定重量及直径的测针插入水泥浆时受到的阻力也逐渐增大,水泥浆的凝结时间以测针插入水泥浆的深度来决定。

测定水泥浆凝结时间用凝结时间测定仪(维卡仪),其结构如图 10-4 所示。维卡仪中心杆可在支架内自由滑动,也可以用控制螺丝固定,测针长 50 mm,直径为(1.1±0.04) mm。凝结试模厚 40 mm,上端内径为(65±0.5) mm,下端内径为 75 mm,中心金属棒重(300±2) g。

实验前,检查维卡仪中心滑动杆是否能自由滑动,测针落到玻板面上,指针是否在刻度板零点上(若不在零点刻度上,应加以调整对零),试摸内壁和玻板表面涂上薄薄一层黄油或机油以待实验。

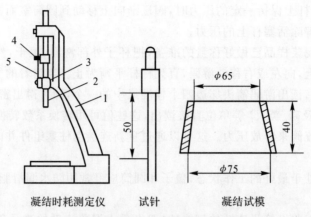

图 10-4　凝结时间测定仪

1—铁座；　2—金属圆棒；　3—松紧螺丝；　4—指针；　5—标尺

将配制好的水泥浆,充分搅拌 20 s 后,注入已准备好的凝结试模内,刮平盖上盖子(玻板),放入一定温度(80℃)的水浴箱内进行养护,等待凝结到一定时间(40 min)后,取出测量一次,测定时将试针降到与浆面接触后固紧松紧螺丝,然后又迅速松开松紧螺丝使测针自由下落沉入水泥浆体中,但最初测定时应用手指轻轻持金属棒,使其徐徐下落,以防试针碰碎底玻璃板或试针被碰弯。但初凝时间仍以自由下落的测定结果为准。

初凝时间:由配浆混灰时计算时间,至试针沉入水泥浆体距底面不超过 1.0 mm 时所需要的时间。

终凝时间:初凝后,继续将试模养护并间隔 5 min 测一次,直到试针沉入水泥浆体中离上水泥浆体面不超过 1.0 mm 时所需时间,加上初凝时间。

5.水泥浆自由水测定

将制备好的水泥浆,应立即注入常压调度仪中,并在试验温度条件下搅拌 20 min。然后再在 1 夸脱(约 1.136 L)的拌器中高速搅拌 35 s,最后把水泥浆注入一个洁净、干燥的 250 mL 刻度玻璃量筒中,并用塑料薄膜或类似材料密封玻璃量筒,以免蒸发。量筒的环境温度应为 (73 ± 2)℉$((22.8\pm1.1)$℃)。量筒的 0~250 mL 刻度部分,其高度应在 232~248 mm 之间。量筒应放在一块厚1/4英寸(6.4 mm)的金属板上,它又由一块 1 英寸(约 25.4 mm)厚的泡沫橡胶垫支承。金属板和垫子的大小约为 8 英寸(200 mm)。水泥浆静止 2 h 后形成的上层水应用吸管吸走或轻轻倾倒出去,并在适当大小的量筒中测量,测量值用 mL 表示,此值就是自由水含量。该值与水泥浆体积(250 mL)之比,即为水泥浆对析水率(%)。

6.失水量测定

水泥浆中自由水在压差作用下通过井壁渗入地层的现象称为水泥浆的失水。

(1)常温低压失水测定。

失水仪的结构如图 10-5 所示:失水仪由支架和圆筒等配件组成。圆筒内经为(3 ± 0.07)英寸$((76.8\pm1.8)$ mm),最小高度为 2.5 英寸(63.5 mm)。圆筒组件由不受含碱溶液影响的材料制成,其装配结构应使挤压介质能顺利地从顶部进入和排出。圆筒底部应使用带有排水管的盖子封闭,并用必要的垫片进行有效的密封,过滤面积应为 7.1 平方英寸(4 580 mm²)。

整个组件放在一个方便的架子里面。

渗滤介质由 325 目和 60 目的不锈钢筛网组成。

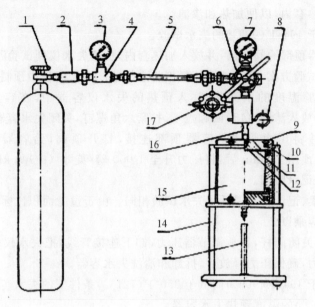

图 10 - 5　ZNS - 6 型泥浆失水仪示意图

1—氮气瓶； 2—连接套； 3—压力表； 4—三通； 5—高压软会组件； 6—减压阀组件；

7—压力表； 8—插销； 9—泥浆杯盖； 10—密封圈； 11—过滤纸； 12—过滤筛网；

13—量筒； 14—支座组件； 15—泥浆杯； 16—阀杆组件； 17—放空手阀

实验步骤如下：

1) 按 API 规范配制的水泥浆搅拌 20 s 后，注入常压稠度仪中，常温(27℃)搅拌 20 min。

2) 将失水仪容器底部放入滤网，O 形圈和盖子，拧紧六角螺钉、关闭底阀。倒转容器，放入架子里面。

3) 将预制好的水泥浆倒入失水仪容器中，在容器顶部留 3/4 英寸(19 mm)空间，然后放入滤网，O 形圈和盖子，拧紧六角螺钉，关闭顶阀。

4) 将压力管线与容器顶部连接，打开顶阀，给容器施加 100 磅/英寸^2(700 kPa)的压力。

5) 打开底阀，收集滤液，同时启动秒表，记录时间。滤液量的读值应在 1/4 min，1/2 min，1 min，2 min，5 min 时各记录一次，以后每隔 5 min 记录一次，直到记满 30 min 为止。若 30 min 前出现脱水，记录样品脱水时间及滤液量，按下式计算其失水量：

$$Q_{30} = Q_t \times \frac{5.47}{\sqrt{t}}$$

式中　Q_{30}——30 min 的失水量(mL/30 min)；

　　　Q_t——t 的滤失量(mL)；

　　　t——实测失水量所用的时间(min)。

6) 实验完毕，断开气源，释放失水容器内的压力，卸下连接管线，清洗容器内的水泥残物。

(2) 高温高压失水测定。

其结构与常温低压失水仪相似，结构图略。其圆筒内经为(2.130±0.005)英寸((54.1±

0.01) mm),其最小内腔高度分别为 2.5 英寸(63.5 mm)和 8.5 英寸(215.9 mm)两种,过滤面积为 3.5 平方英寸(2 258 mm²)。过滤装置与常温低压失水仪的相同。整个圆筒组件放在一个恒温控制的加热套内,以便加热和渗滤。

1)试验温度低于 194 ℉(90℃)的失水试验。

a.将失水仪容器顶部的阀关闭,并放入加热套内,加热失水仪到试验温度。

b.根据适当的试验方案,高压或常压模拟将水泥浆注入稠度仪中预制 20 min。

c.取出已达试验温度的水泥浆,注入预热的失水仪容器中,在容器顶部留 3/4 英寸(19 mm)空间,然后放入滤网、O 形圈和盖子,拧紧六角螺钉,关闭失水容器底部的阀。

d.倒转容器.并将压力管线与容器顶部连接,打开顶阀,给容器施加 100 磅/英寸²(700 kPa)的压力。预压 15 min 后,将压力升至 1 000 磅/英寸²(6 900 kPa),打开底阀,收集滤液,同时启动秒表记录时间。

e.失水量的收集、记录与常温低压失水试验相同。由于过滤面积比标准过滤面积少一倍,因此得到的滤液量应乘以 2。

f.实验结束后,关闭阀杆,释放调节器压力,卸下连接管线,把失水仪容器冷却到室温,小心释放容器内的压力,确保压力释放后,拆卸和清洗失水容器。

2)实验温度高于 194 ℉(90℃)而低于 250 ℉(121℃)条件下的失水实验。

a.在 194 ℉(90℃)的温度预热失水容器。

b.按 API 规范制备水泥浆。

c.将水泥浆注入增压稠度仪釜中。

d.根据表 10 - 2 规定的加热和加压速率执行水泥浆试验方案。

表 10 - 2 温度为 194～250 ℉(90～121℃)失水实验油井模拟实验方案

时 间	压 力		温 度	
min	磅/英寸²	kPa	℉	℃
0	1 500	10 300	80	26.7
2	2 200	15 100	91	32.8
4	3 000	20 700	103	39.4
6	3 700	25 500	114	45.6
8	4 400	30 300	126	52.2
10	5 100	35 200	137	58.3
12	5 900	40 700	148	64.4
14	6 600	45 500	160	71.1
16	7 300	50 300	171	77.2
18	8 000	55 200	183	83.9
20	8 800	60 700	194	90.0

e.预热 10 min 后,小心地释放压力,并卸开增压稠度议的釜盖。

f.从加热套中取出失水容器,接通恒温器,使套子温度上升到最终试验温度,先关闭失水容器,再把水泥浆注入倒转的容器内。

　　g.把水泥浆从稠度仪中取出,搅拌水泥浆,并把它注入失水容器,在容器顶部留 3/4 英寸(19 mm)空间供膨胀用。然后插入滤网,"O"形圈和盖子,拧紧六角螺钉,并关闭失水容器顶部和底部的阀。

　　h.倒转容器,并将压力管线与容器顶部连接,(仅)打开顶阀,并给容器施加 100 磅/英寸²(700 kPa)的压力。

　　i.连接好底部压力接收器并锁紧,对底部压力接收器施加 100 磅/英寸²(700 kPa)的压力,切记不要打开底阀。

　　j.容器在 100 磅/英寸²(700 kPa)压力下预压 15 min 后,将压力加到 1 100 磅/英寸²(7 700 kPa),这时打开底阀。

　　k.收集滤液 30 min,在实验过程中,若回压上升到大于 100 磅/英寸²(700 kPa)时,要小心地放出滤液。

　　l.实验结束时,关闭两个阀杆,并释放两个调节器的压力,卸下连接管线。

　　m.把容器冷却到室温,清洗容器前,小心地释放压力,拆卸和清洗失水仪容器。

　　n.失水量记录同前面 1)项。

　　7.水泥石强度测定

　　水泥石强度是油井水泥重要性能之一,在 API 规范中,将抗压强度作为水泥石强度标准。在我国曾经颁布的油井水泥性能标准中,将抗折强度作为水泥石强度标准。两种标准在资料中都有出现,因此对两种方法都给予介绍。

　　(1)抗折强度测试。

　　我室采用 1:5 双杠杆抗折机,试件采用 160×40×40 三联模软联成型。

　　抗折强度按下式计算:

$$F = \frac{3PKL}{2bh^2}$$

式中　　F——抗折强度,kg/cm²;

　　　　P——荷重,kg;

　　　　K——抗折机杆臂比率;

　　　　L——抗折机试体支点距离,cm;

　　　　H——试件断面高度,cm;

　　　　b——试件断面宽度,cm。

　　(2)抗压强度测定。

　　抗压强度模具由内截面积为 4 平方英寸(2 580 mm²)的正方体,底板和盖板厚度为 1/4 英寸(约 6 mm)的玻璃板或耐腐金属板组成。

　　试验步骤:

　　1)模具的准备。用于压力下养护的强度试件模具的准备应遵循:模具内表面和接触表面应薄薄地涂一层黄油,每一个模具的一半接触表面也应涂黄油,以便装配时使连接处不漏水。特别注意,要从装配后的模具内表面及拐角处除去过剩的黄油,以便水泥浆能充满模具的每一个空间。模具应放在涂了一薄层黄油的板上。也必须在模具与底版的外接触线涂一层黄油。

　　2)水泥浆制备。按 API 范别制备的水泥浆应立即注入增压稠度仪,并按适当的油井方案或某一特殊油田的修正方案,将水泥浆加热至井底循环温度(BHCT)。当达到 BHCT 时,将最后温度和压力条件保持 60 min,以便水泥浆温度达到平衡状态。

3)当完成适当的试验方案后,再以 2.0 ℉(1.1℃)/min 的速率冷却到水泥浆柱顶部的循环温度(TCCT)或 194 ℉(90℃)(取较低值)。下面的方程可用以确定冷却时间,单位为 min。

$$T = \frac{BHTT - TCCT}{2.0 \text{ ℉}(1.1℃)}$$

降低温度时,压力除由于热收缩引起的压力降外,无其他压力释放。在达到要求温度后,解除存留在稠度仪中的压力。

4)应特别小心最大限度地减少油对试验水泥浆的污染。从顶部打开水泥浆容器(而让搅拌器留在原位),就不再需要翻转水泥浆容器,因而将最大程度减少因油流经水泥浆引起的污染。用有吸收能力的布或纸擦抹水泥浆容器,通常能除去其中大多数油污。然后将水泥浆在水泥容器及一个干净的烧杯间往返倾倒三次,以便使任何可能沉淀的固体粒子再悬浮起来。

5)灌注模具。将水泥浆注入准备好的模具中至模具高度的一半,并用搅拌棒对每个样品搅拌 25 次,在搅拌操作开始前,应把水泥浆注入全部的模具中,这一层搅拌后为防止离析,对剩下的水泥浆应手持搅拌棒或抹刀,象对第一层那样进行搅拌并注满模具,燃后用直尺刮去模具顶部多余的浆体。对模具有泄漏现象的样品应该去掉。模具顶部应放置涂有黄油的盖板,对测定每一个试件应至少不低于三个样品。

6)按养护抗压强度试件的技术规范,将装满水泥浆的模具放入养护釜中养护。并根据实验方案加温加压。最终温度[TCST±3 ℉(±2℃)]和养护压力[3 000±500 磅/英寸²(2 700±3 400 kPa)]应保持在养护期前 1 h 45 min,在那一时刻,中止加热,在其后的 60 min 内,温度应下降至 200 ℉(93℃)或更低,而压力除热收缩引起的压降外无其他压降。在试件养护期前 45 min,对尚存留的压力应逐渐释放(以免毁坏试件)。此时,从模具中取出试件,转移至水浴池,并在 80 ℉(27℃)保温约 35 min。

7)当开动养护设备的加热器后,开始计算养护时期,试验的试件要在要求的养护期不被破坏,如 24h,48h 或 72h。养护期不包括在稠化仪中水泥浆预处理时间。

8)当试件从釜体中取出后,脱去模具,清洗水泥石样品外的黄油、磨平样品的上下端面,确保样品上无凸凹不平或倾斜等现象。

9)使用水力试验机对试件进行破碎试验。对普通强度的试件,加载率为每分钟 400 磅/英寸²(16 000 磅力或 71.7 kN),对低强度试件,其抗压强度等于或低于 500 磅/英寸²(3.5MPa)的情况,加载率为每分钟 1 000 磅/英寸²(4 000 磅力)(17.9 kN),在接近极限强度时,不要再调整机器控制装置。

10)计算抗压强度时,规定的横截面积[4 平方英寸(2 580 mm²)]的变化量可以忽略不计。除非 2.00 英寸(50.8 mm)长度的偏差为 1/16 英寸(1.6 mm)或更大时,应于考。

使用相同水泥样品,并对同期进行试验的所有被认可的试验试件的抗压强度,应取平均值,报告的数值要精确到最接近的 10 磅/英寸²(0.1 MPa)。

8.渗透性试验

(1)设备。

使用水泥渗透率计来测量凝固油井水泥对水的渗透性。设备应由以下部分组成。

1)模具。黄铜或不锈钢制成的模具,长为 1.00 英寸(25.4 mm),内径从 1.102 英寸

(27.99 mm)逐渐变化为 1.154 英寸(29.3 mm),外径为 2.00 英寸(50.80 mm),底部与顶部边以 0.206 英寸(5.23 mm)×45°倒角。

2)夹持器。配置的夹持器是用于 O 形圈密封模具的顶部和底部。

3)压力介质。压力可用压缩空气、氮气或其他能保持恒定气体压力的安全而又允分的介质来提供。气体从一个圆筒中顶替出汞,而汞又从另一圆筒中顶替出水,并迫使水通过水泥样品。

4)刻度吸液管。应使用刻度吸液管来测量通过样品的流量。0.1 mL 的吸液管可用于低渗透性的样品,1 mL 的吸液管用于中等渗透性的样品,5 mL 的吸液管用于高渗透性的样品。

(2)样品制备。

把水泥浆注入模具前,应按如下所述作好水泥样品和模具的准备工作。

1)水泥浆。把按 API 规范制备的水泥浆注入一个放在平板上的干净模具中,用搅拌棒搅拌 25 次,用抹刀或直尺把模具上面抹平,小心地把另一块平板放在模具顶上,以免进入空气泡,然后按抗压强度推荐的养护程序,养护模具中的水泥浆。

2)凝固的水泥。水泥养护到所要求的时间后,把装有凝固水泥的模具从养护室或水浴池中取出,拆去盖扳,把样品放在水中冷却到室温。如果凝固水泥表面磨光的,则应在流水下轻轻地擦洗这个磨光面,擦洗时用钢丝刷、砂纸或抹刀是符合要求的。

(3)实验准备。

当准备实验时,使模具大端向下放入夹持器圆柱孔中,用 O 形圈将装有样品的模具密封住。为了防止任何空气聚集在水中或样品下面,应遵循下述程序:

1)系统中有汞,阀 A 关,阀 B,C,D 开,用橡胶管把内装刚煮沸过的蒸馏滤液水的吸气器瓶与阀 C 相连,并将水注入室内,直到水经过阀 D 溢出为止。

2)随着关闭阀 B,C,D 和打开阀 A 后,调节空气调节器,以获得要求通过水泥试件的压降,这可以通过观察压力表 G[通常为 20~200 磅/英寸^2(100~1 400 kPa)]获得。

3)将吸气器瓶与阀 E 相连。

4)由于吸气器瓶比阀 E 高 12~24 英寸(305~610 mm),当夹持器盖子拧到位时,稍微把阀 D 和协 D 打开一点,使一小股水通过装着凝固水泥的模具。

5)关闭阀 E 并将阀 D 充分打开。

6)将吸气器瓶连接到阀 F,将阀 F 稍微打开点,并让水流过样品顶部,使量管杆上移,以获得一个参照起点。

(4)可选用的试验准备方法。

另一种试验准备方法是将一段圆柱凝固水泥模放入 Hassler 套筒式夹持器内。在套筒的外面具有足够的压力保证密封住凝固水泥模。

(5)渗透性试验。

渗透性试验应按下述程序进行:

1)为了强迫水通过凝固水泥样品,应使用 20~200 磅/英寸^2(100~1 400 kPa)的压差。

2)水穿过样品的时间最多不超过 15 min 或试验到约 1 mL 的水被迫穿过样品进入测量管。

3)应使用一个适当的测量管。

4)至少要测量两次流速。

(6)记录结果。

凝固水泥对水的渗透性用式(10-1)表示的达西定律来计算。

用式(10-1)计算凝固水泥的渗透性时,单位为毫达西(1 μm^2 =1 000 毫达西),而用式(10-2)计算时,单位为 μm^2。实验时,应记录水泥养护温度、养护压力和养护时间。

$$K = 14\ 700 \frac{Q\mu L}{AP} \qquad (10-1)$$

式中　　K——渗透率,毫达西;

　　　　Q——流量,mL/s;

　　　　μ——水的黏度,厘泊;

　　　　L——样品长度,cm;

　　　　A——样品横截面积,cm^2;

　　　　P——压差,磅/英寸^2。

$$K = 10 \frac{Q\mu L}{AP} \qquad (10-2)$$

式中　　K——渗透率,μm^2;

　　　　Q——流量,mL/s;

　　　　μ——水的黏度,Pa·s;

　　　　L——样品长度,cm;

　　　　A——样品横截面积,cm^2。

五、思考题

油井水泥浆测试方法是否能反映井下的实际情况? 此方法还存在些什么问题?

项目十一　水泥浆流变性测定

一、实训目的

(1)掌握水泥浆流变性的测定方法；

(2)掌握水泥浆流变性的计算方法。

二、实训原理

由于水泥浆是非牛顿液体,而且不同性能的水泥浆,宾汉流变模型和幂律流变模型对其性能描述的准确性是不同的,因此,应根据实际的流变性能来选择最适合它的流变模型。

选择原则:以实训水泥浆的剪切速率与剪切应力对两个模型的吻合程度为准,其方法可用线性回归中的相关系数或下面介绍的线性比较法(F 比值法),F 值用旋转黏度计 300,200,100 RPM 的读数计算,具体公式为

$$F = \frac{\theta_{200} - \theta_{100}}{\theta_{300} - \theta_{100}}$$

当 $F = 0.5 \pm 0.03$ 时,选用宾汉流变模型,反之则应选用幂律流变模型。

(1)宾汉模型流变参数的计算公式:

$$\begin{cases} \eta_p = 0.001\,5(\theta_{300} - \theta_{100}) \\ \tau_o = 0.511\theta_{300} - 511\eta_p \end{cases}$$

(2)幂律模型流变参数的计算公式:

$$\begin{cases} n = 2.092\lg \dfrac{\theta_{300}}{\theta_{100}} \\ K = \dfrac{0.511\theta_{300}}{511^n} \end{cases}$$

式中　　η_p —— 塑性黏度,Pa·s;

　　τ_0 —— 动力应力,Pa;

　　n —— 流性指数,无因次;

　　K —— 稠度系数,Pa·sn。

三、实训仪器及试剂

1.仪器

高速搅拌器;六速旋转黏度计;恒温水浴;天平;玻璃棒;量筒;秒表等。

2.药品

水泥等。

四、实训步骤

1.检查设备是否运转正常

在稠化仪空浆杯中放入叶轮,装上电位计盖总成,将组装好的空浆杯放入稠化仪中,打开总电源开关和电机开关,当电机开始转动时,记录器指示读数应小于 0.5 V,变化范围不超过 0.3,一切运转正常关停电机。

2.调整实训装置

设定温控器温度为 52℃,向油箱中注入约 15 L,使其刚好到达转枢底下。打开"加热"开关。将常压稠化仪浆杯预热到 52℃。

3.配制水泥浆

用天平称取过 200 目筛的水泥样品 792 g,水 349 mL。把称量好水的恒速搅拌器浆杯,放置搅拌器上。打开电源开关,转速设定为低速挡,按下电机开关,在 15 s 内将水泥样品缓慢倒入恒速搅拌器浆杯中,再将转速调至高速挡并搅拌 35 s。

4.搅拌水泥浆

浆配好的水泥浆立即倒入已经预热到 52℃ 的常压稠化仪浆杯中,将水泥浆搅拌 20 min 后,取出浆杯,移去叶片,用玻璃棒再搅拌 5 s 后把水泥浆立即倒入旋转黏度计浆杯中至刻度线。

5.调整旋转黏度计

将装有水泥浆的旋转黏度计浆杯置于黏度计载物台,黏度计以最低转速旋转,向上移动浆杯使浆液到达外筒表面刻度线并固定。

6.测量数据

黏度计以最低转速旋转 10 s 后测刻度盘读数,然后按转速增加顺序测各转速下的读数;再按转速降低顺序测各转速下读数,将测量数据记录在表 11-1 中。取同一转速下所测两组数值的平均值,作为测量结果。改变转速测量时须在外筒连续旋转 10 s 时才能读取读数。

表 11-1　数据记录

转　　速	θ_3	θ_6	θ_{100}	θ_{200}	θ_{300}	θ_{600}
读数(增速)/格						
读数(减速)/格						
平均/格						

五、实训数据分析

(1)根据旋转黏度计测量的数据给出水泥浆的实际流变曲线,$\tau - r$ 曲线。

(2)确定流变模型,分析流变参数。

六、思考题

测定水泥浆流变性时,如果因为没有时间及时测定,可否在一定时间之后进行测定? 为什么?

项目十二　水泥浆稠化时间测定

一、实训目的

(1)掌握水泥浆稠化仪的使用方法；

(2)学会利用水泥浆稠化仪测定水泥浆稠化时间。

二、实训原理

水与水泥混合后的行为主要表现为水泥浆逐渐变稠，这种现象称为水泥浆稠化，其程度用稠度来表示。水泥浆的稠度是用稠化仪通过测定一定转速的叶片在水泥浆中所受的阻力得到的，单位为 Bc。水泥浆的稠化速率用稠化时间表示。稠化时间是指水与水泥混合后稠度达到 100Bc 所需的时间。

在注水泥施工中，水泥浆首先被泵入套管，然后通过下端上返至环形空间所希望的位置。在这段时间内，水泥浆必须具有良好的可泵性，方能使柱塞泵在正常的工作压力下完成固井作业。

当水泥与水混合时，组成水泥的矿物成分立即与水发生化学反应，生成水化产物，同时有水泥胶粒进入溶液。随着水化反应的进行，胶体成分不断增加，水泥浆的内凝聚力越来越大，从而使之变得黏稠，难以泵送。当内聚力达到一定程度时，就会失去流动性而不能泵送。通常，水泥浆稠化阶段的流变性能可以适应泵送施工的要求，但是稠化之后，则完全失去了可泵性，不能进行施工作业。因此，水泥浆的稠化时间是控制固井作业的关键参数，稠化时间的确定对固井成功尤为重要。

水泥浆抗压强度是指水泥硬化试体(水泥石)所能承受外力破坏的能力，用 MPa(兆帕)表示。水泥石强度是油井水泥重要性能之一，在 API 规范中，将抗压强度作为水泥石强度标准。

抗压强度模具由内截面积为 4 平方英寸($2\,580\ \text{mm}^2$)的正方体，底板和盖板厚度为 1/4 英寸(约6 mm)的玻璃板或耐腐金属板组成。

三、实训仪器及药品

1. **仪器**

常压稠化仪，高速搅拌器，电子天平，恒温油浴，量筒，秒表，20 目筛等。

2. **药品**

$CaCl_2$，水泥等。

四、实训步骤

1.水泥稠化时间测定

（1）仪器准备。

1）检查设备是否运转正常。在稠化仪空浆杯中放入叶轮，装上电位计盖总成，将组装好的空浆杯放入稠化仪中，打开总电源开关和电机开关，当电机开始转动时，记录器指示读数应小于 0.5 V，变化范围不超过 0.3，一切运转正常关停电机。

2）调整实训装置。设定温控器温度为 52℃，向油箱中注入约 15 L 油，使其刚好到达转枢底下。打开"加热"开关。将常压稠化仪浆杯预热到 52℃。

（2）试样准备。

用天平称取过 20 目筛的水泥样品 792 g，水 349 g 和 7 g $CaCl_2$。把称量好水的恒速搅拌器浆杯，放置搅拌器上。打开电源开关，转速设定为低速挡，按下电机开关，边搅拌边加入 $CaCl_2$。然后在 15 s 内将水泥样品缓慢倒入恒速搅拌器浆杯中，再将转速调至高速挡并搅拌 35 s。

（3）稠化时间测定。

1）把制备好的水泥浆倒至稠化仪浆杯中的刻度线处，将浆杯盖子上的销钉楔入转驱的槽内，并使电位计上的侧销放入箱体顶部的固定座内。

2）打开"电机"开关，电机带动浆杯转动。按下启动开关，计时器开始计时。按给定的表 12-1 记录相应的时间和电位值，当电位值等于 10V 时，试验结束。

表 12-1　数据记录

时间/min	0	10	20	30	40	50	60	70	80	90										
电位计值/V											5.5	6	6.5	7	7.5	8	8.5	9	9.5	10

3）实训结束，关闭电机开关、加热开关，关闭电源。取出电位计盖总成和浆杯，将水泥浆倒入塑料袋内，将仪器清洗干净。

2.水泥石强度测定

（1）模具的准备。

用于压力下养护的强度试件模具的准备应遵循：模具内表面和接触表面应薄薄地涂一层黄油，每一个模具的一半接触表面也应涂黄油，以便装配时使连接处不漏水。特别注意，要从装配后的模具内表面及拐角处除去过剩的黄油，以便水泥浆能充满模具的每一个空间。模具应放在涂了一薄层黄油的板上。也必须在模具与底版的外接触线涂一层黄油。

（2）水泥浆制备。

按 API 范别制备的水泥浆应立即注入增压稠度仪，并按适当的油井方案或某一特殊油田的修正方案，将水泥浆加热至井底循环温度（BHCT）。当达到 BHCT 时，将最后温度和压力条件保持 60 min，以便水泥浆温度达到平衡状态。

（3）当完成适当的试验方案后，再以 2.0 ℉(1.1℃)/min 的速率冷却到水泥浆柱顶部的循环温度（TCCT）或 194 ℉(90℃)（取较低值）。下面的方程可用以确定冷却时间，单位为 min。

$$T = \frac{BHTT - TCCT}{2.02.0\ ℉(1.1℃)}$$

降低温度时,压力除由于热收缩引起的压力降外,无其他压力释放。在达到要求温度后,解除存留在稠度仪中的压力。

(4)应特别小心最大限度地减少油对试验水泥浆的污染。从顶部打开水泥浆容器(而让搅拌器留在原位),就再不需要翻转水泥浆容器,因而将最大程度减少因油流经水泥浆引起的污染。用有吸收能力的布或纸擦抹水泥浆容器,通常能除去其中大多数油污。然后将水泥浆在水泥容器及一个干净的烧杯间往返倾倒三次,以便使任何可能沉淀的固体粒子再悬浮起来。

(5)灌注模具。

将水泥浆注入准备好的模具中至模具高度的一半,并用搅拌棒对每个样品搅拌 25 次,在搅拌操作开始前,应把水泥浆注入全部的模具中,这一层搅拌后为防止离析,对剩下的水泥浆应手持搅拌棒或抹刀,像对第一层那样进行搅拌并注满模具,然后用直尺刮去模具顶部多余的浆体。对模具有泄漏现象的样品应该去掉。模具顶部应放置涂有黄油的盖板,对每一个试件应测定至少不低于三个样品。

(6)按养护抗压强度试件的技术规范,将装满水泥浆的模具放入养护釜中养护。并根据实训方案加温加压。最终温度[TCST±3 ℉(±2℃)]和养护压力[(3 000±500)磅/英寸², 即((2 700±3 400)kPa)]应保持在养护期前 1 h45 min,在那一时刻,中止加热,在其后的 60 min 内,温度应下降至 200 ℉(93℃)或更低,而压力除热收缩引起的压降外无其他压降。在试件养护期前 45 min,对尚存留的压力应逐渐释放(以免毁坏试件)。此时,从模具中取出试件,转移至水浴池,并在 80 ℉(27℃)保温约 35 min。

(7)开动养护设备的加热器后,开始计算养护时期,试验的试件要在要求的养护期不被破坏,如 24h,48h 或 72h。养护期不包括在稠化仪中水泥浆预处理时间。

(8)试件从釜体中取出后,脱去模具,清洗水泥石样品外的黄油、磨平样品的上下端面,确保样品上无凸凹不平或倾斜等现象。

(9)使用水力试验机对试件进行破碎试验。对普通强度的试件,加载率为每分钟 400 磅/英寸²(16 000 磅力或 71.7 kN),对低强度试件,其抗压强度等于或低于 500 磅/英寸²(3.5 MPa)的情况,加载率为每分钟 1 000 磅/英寸²(4 000 磅力或 17.9 kN),在接近极限强度时,不要再调整机器控制装置。

五、实训记录及结果的分析

(1)水泥浆稠化时间测定数据(见表 12 - 2)。

表 12 - 2　数据记录

时间/min													
电位计值/V													
稠化度/Bc													

注:不同的仪器测量电位值对应的稠度值,按照相应的仪器说明书进行对照。

(2)水泥抗压强度测定数据(见表 12 - 3)。

表 12 – 3　数据记录

养护时间/min														
养护温度/℉														
抗压强度/(磅/英寸²)														

（3）画出时间和稠度之间的关系曲线，确定稠化时间。

六、思考题

固井用水泥浆有哪些类型？它们有何不同？它们的稠化时间有无不同？

项目十三 水泥减轻剂性能测定

一、实训目的

(1)了解水泥减轻剂;

(2)掌握水泥减轻剂的评价方法。

二、实训原理

油井水泥减轻剂可分为三类:第一类是膨润土类,是靠增大水灰比来降低水泥浆密度,如膨润土、硅藻土等;第二类是空心微珠类,是靠自身密度低来降低水泥浆密度,如空心玻璃微珠、空心陶瓷微珠等;第三类是气体类,是以向水泥浆中充气或化学发气的方法形成泡沫水泥浆来降低水泥浆密度,如氮气、空气等。常用油井水泥减轻剂加量和适宜密度范围参见附录1。在进行油井水泥减轻剂的理化性能评价时,应根据减轻剂的不同类型进行评价。

(1)水分测定原理同项目七水分测定原理。

(2)杂质含量测定原理:根据不同物质的密度不相同,它们在水中所受的浮力亦不同,那么他们将处于水面之下不同的深度。由于水泥减轻剂的密度和颗粒都很小,因此,在水中时,它们漂浮在水面,只需将漂浮的物质清除完,剩下的物质即为减轻剂中的杂质,通过烘干剩余物并称其质量得到杂质的质量,求出杂质含量。

(3)堆积密度测定原理:在固定体积的容器中,充满所测物质的粉末(样品面不受外界条件影响),通过称量计算得到所测物品的质量,经过计算得到所测物质的密度,此密度为堆积密度。

(4)李氏密度测定原理同项目九中甘氏瓶法测密度原理。

三、实训仪器及药品

1.仪器

电子天平:精度为 0.01 g;恒温干燥箱:温度范围 0~2 000 ℃;干燥器:内盛变色硅胶;甘氏密度瓶:100 mL;李氏密度瓶:250 mL;分析天平:精度为 0.000 1 g;水泥浆恒速搅拌器;常压稠化仪;增压稠化仪;抗压强度试验机及强度养护设备;钻井液密度计;加压液体密度计;250 mL量筒。

2.药品

油井水泥:G 级油井水泥;水:蒸馏水或生活饮用水;与减轻剂配伍的其他外加剂材料。

四、实训步骤

1. 外观测定

目测,看有无受潮板结。

2. 水分测定

用一恒重的烧杯在分析天平上称量约 20 g(精确至 0.001 g)的样品,在(105±2)℃条件下把样品烘至恒重,在干燥器中冷却后用分析天平称其质量。含水量按下式计算:

$$Q_W = \frac{m_2 - m_3}{m_2 - m_1} \times 100\%$$

式中　Q_W——含水量,%;

　　　m_1——烧杯质量,g;

　　　m_2——样品质量与烧杯质量之和,g;

　　　m_3——烘干后样品与烧杯质量之和,g。

3. 杂质含量测定

本检测方法适用于密度小于 1.0 g/cm³ 的油井水泥减轻剂。在一恒重的烧杯中用电子天平称量约 20 g(精确至 0.01 g)样品。加入蒸馏水约 200 mL,用玻璃棒搅拌 1 min,然后静置 10 min,用牛角勺和小毛刷除去浮于水面和黏在烧杯壁上的减轻剂。再用玻璃棒搅拌 1 min,然后再静置 10 min,用同样的办法除去漂浮的减轻剂。按此方法反复进行,直至清除干净浮于水面的减轻剂为止。缓慢倒出浮表水,在 105±2℃条件下烘至恒重,在干燥器中冷却后用电子天平称量烧杯和杂质的质量。杂质含量按下式计算:

$$Q = \frac{m_4 - m_1}{m_2 - m_1} \times 100\%$$

式中　Q——杂质含量,%;

　　　m_1——烧杯质量,g;

　　　m_2——样品质量与烧杯质量之和,g;

　　　m_4——杂质质量与烧杯质量之和,g。

4. 堆积密度测定

在已知质量的甘氏密度瓶中装满样品,一手拿瓶,在另一手掌心撞击 10 次,当样品面低于瓶口时,再加入一些样品使密度瓶重新装满,用同样的方法震实样品,反复进行,直至样品面不再下降为止。加盖,用电子天平称其质量。堆积密度按下式计算:

$$\rho_0 = \frac{m_6 - m_5}{100}$$

式中　ρ_0——堆积密度,g/cm³;

　　　m_5——甘氏密度瓶质量,g;

　　　m_6——样品质量与甘氏密度瓶质量之和,g;

　　　100——甘氏密度瓶容积,cm³。

5. 李氏密度测定

向李氏密度瓶中加入蒸馏水,水面至满刻度线,称其质量。倒出蒸馏水,用电子天平称取 20 g(精确至 0.01 g)样品,加入密度瓶中。加入蒸馏水至满刻度线,称其质量。密度按下式计算：

$$\rho = \frac{20\rho_w}{m_7 - m_8 + 20}$$

式中 ρ——样品密度，g/cm^3；

m_7——李氏密度瓶与蒸馏水质量之和，g；

m_8——李氏密度瓶、蒸馏水与样品质量之和，g；

ρ_w——蒸馏水密度，g/cm^3。

6. 抗压强度测定

抗压强度模具由内截面积为 4 平方英寸（2 580 mm^2）的正方体，底板和盖板厚度为 1/4 英寸（约 6 mm）的玻璃板或耐腐金属板组成。

实验步骤参照第一篇项目十中 2. 水泥的强度测试。

另外，在计算抗压强度时，规定的横截面积[4 平方英寸（2 580 mm^2）]的变化量可以忽略不计。除非 2.00 英寸（50.8 mm）长度的偏差为 1/16 英寸（1.6 mm）或更大时，应予考虑。

使用相同水泥样品，并对同期进行试验的所有被认可的试验试件的抗压强度，应取平均值，报告的数值要精确到最接近的 10 磅/英寸^2（0.1 MPa）。

五、数据处理（见表 13 - 1）

表 13 - 1 数据处理

项 目	指 标	检验结果			
		一次	二次	三次	平均
外观	无受潮板结				
水分/(%)	≤5.0				
杂质含量/(%)	≤3.0				
密度/(g·cm^{-3})	1.10~1.30				
水泥浆密度/(g·cm^{-3})	1.15~1.35				
48h 抗压强度/MPa	≥3.5				
结论：					

第二篇 采油化学篇

项目十四 HPAM 盐敏效应及温度对HPAM溶液黏度的影响

一、实训目的

(1)掌握聚合物溶液的配制方法和六速旋转黏度计的操作方法。

(2)了解 HPAM 溶液的盐敏效应的原理。

(3)学会用 Excel 绘制 Nacl 加量与 HPAM 溶液黏度关系曲线。

(4)掌握温度对聚合物溶液黏度的影响,并学会绘制黏温曲线。

二、实训原理

聚丙烯酰胺(PAM)按照其在水溶液中的电离性可分为非离子型、阴离子型、阳离子型和两性型。阴离子聚丙烯酰胺(HPAM)外观为白色粉粒,分子量从几十万到两千多万,水溶解性好,在中性碱性介质中呈高聚合物电解质的特性,与高价金属离子能交联成不溶性凝胶体。在石油开采中,HPAM 广泛应用于钻井、完井、固井、压裂、强化采油等油田开采作业中,具有增黏、降滤失、流变调节、胶凝、分流、剖面调整等功能。

HPAM 盐敏效应是指盐对聚合物溶液黏度产生特殊影响的效应,即柔顺的 HPAM 分子在良性溶剂或低浓度盐水中,由于它链节上的电荷相互排斥使分子舒张,故黏性大;反之,在高浓度盐水中由于静电引力使分子蜷缩,故黏性显著减小。将这种黏度发生显著变化的现象称盐敏效应。HPAM 的盐敏效应是由于 HPAM 周围由羧酸与钠离子所形成的扩散双电层受到盐的压缩作用所引起的。盐加入前,HPAM 的扩散双电层使链段带负电而互相排斥,HPAM 分子形成松散的无规线团,对水有好的稠化能力;盐加入后,盐对扩散双电层的压缩作用,使链段的负电性减小,HPAM 分子形成紧密的无规线团,因而对水的稠化能力大大减小。

温度可以使 HPAM 溶液黏度发生变化,一般温度升高,黏度减小,温度降低,黏度升高。这是因为 HPAM 分子中羧钠基(—COONa)离子在水溶液中电离形成扩散双电层,吸附大量自由水变成束缚水使高分子链流体力学体积增大,使分子链间的相互作用增强(碰撞),表现为溶液黏度升高。随着溶液温度升高,分子热运动加剧,大量束缚水离开羧基(—COO$^-$)离子的吸附,重新变成了自由水使高分子链流体力学体积变小,使分子链间的相互碰撞作用减弱,表现为溶液黏度降低。因此随着温度升高,HPAM 的增稠能力减弱。

本实训用不同加量的 NaCl 来影响 HPAM 溶液黏度,也利用水浴锅加热的方式模拟不同施工温度下 HPAM 溶液黏度的变化情况。需要强调的是,用六速旋转黏度计来测量高分子溶液黏度,只是考虑油气田一线仪器的现状,其实该方法并不十分精确。

三、实训仪器及药品

1. 实训仪器

ZNN－D6 六速旋转黏度计或者同类等效产品;CJS－B12K 型双轴高速搅拌器或者同类等效产品;天平(0.001 g);水浴锅;烧杯;玻璃棒;温度计;量筒。

2. 实训药品

HPAM(工业级);氯化钠(分析纯或化学纯)。

四、实训步骤

1. 配制 0.5％HPAM 溶液 500 mL

在高搅杯中量取 500 mL 蒸馏水,在搅拌(8 000 r/min 左右)条件下缓慢加入称好的 HPAM,搅拌使其完全溶解(注意:不能形成鱼眼,否则重新配制,为了保证配液成功率,建议提前 20～24h 组织学生配液)。

2. HPAM 溶液黏度的测量

将配制好的 HPAM 溶液倒入六速旋转黏度计的量杯中,分三次测量 600 转的读数,记录读数,黏度为读数的一半,单位为 mPa·s。

3. HPAM 溶液盐敏效应的测定

(1)在测过黏度的 HPAM 溶液中加入 0.5％氯化钠,高搅 5 min 使氯化钠充分溶解,测其黏度,并记录读数;

(2)然后再加入 0.5％氯化钠,高搅 5 min 使氯化钠充分溶解,测其黏度,记录读数;

(3)按同样方法加入氯化钠,使其加量为 2％,3％,5％,高搅 5 min 使氯化钠充分溶解,分别测其黏度,记录读数(注意:只测 $\frac{\phi_{600}}{\phi_{300}}$ 下的读数,计算其表观黏度即可)。

4. 温度对 HPAM 溶液黏度的影响

(1)重新配制一杯 0.5％HPAM 溶液,测其 $\frac{\phi_{200}}{\phi_{100}}$ 值,并测其温度;

(2)将配好的溶液在水浴锅上加热至 30℃(测其 $\frac{\phi_{6}}{\phi_{3}}$ 值,记录读数);

(3)分别将 HPAM 溶液加热至 45℃,60℃,75℃,测其 ϕ_{600} 值,记录读数。

五、实训数据记录与处理

将数据记录在表 14－1～表 14－3 中。

(1)0.5％HPAM 溶液黏度(见表 14－1)。

表 14－1 数据记录

	第一次	第二次	第三次	计算值
读　数				
黏　度				

注:本篇及以后实训项目中,为了减少误差,一半的数据都需要测量三次,选两个最接近的数据相加除以 2,即为计算值。在以后的数据测量中如无特殊指出的地方,所有数据均按此方法处理。

（2）HPAM 溶液的盐敏效应（见表 14-2）。

表 14-2　数据记录

NaCl	0.5%	1.0%	2.0%	3.0%	5.0%
ϕ_{600} 读数					
黏度					

（3）温度对 HPAM 溶液黏度的影响（见表 14-3）。

表 14-3　数据记录

温　度	室　温	30℃	45℃	60℃	75℃
ϕ_{600} 读数					
黏度					

注：室温为未加热时配制 HPAM 的温度，本次实验时为_____℃。

（4）实训数据处理。

用 Excel 绘制 NaCl 与 HPAM 溶液黏度关系图和温度与 HPAM 溶液黏度的关系图。

六、思考题

（1）对照绘制出的 NaCl 与 HPAM 溶液黏度关系图，分析 NaCl 加量从 0%～2.0%黏度变化的原因？

（2）对照绘制出的 NaCl 与 HPAM 溶液黏度关系图，为什么 NaCl 的加量较大时，黏度下降不明显或略有上升？

（3）对照绘制出的黏温曲线，分析温度与 HPAM 溶液黏度的关系，从室温到 45℃的曲线上有无异常情况？为什么？

项目十五　碱(硅酸钠)和聚合物(HPAM)协同效应测定

一、实训目的

(1)了解碱(硅酸钠)和聚合物(HPAM)的协同效应。

(2)进一步掌握高速搅拌器和黏度计的操作规范。

二、实训仪器及药品

1.实训仪器

ZNN－D6 型六速旋转黏度计或者同类等效产品;CJS－B12K 型双轴高速搅拌器或者同类等效产品;天平(0.001 g);烧杯;量筒;玻璃棒。

2.实训药品

硅酸钠(分析纯或化学级);HPAM(工业级)。

三、实训原理

协同效应原本为一种物理化学现象,又称增效作用,是指两种或两种以上的组分相加或调配在一起,所产生的作用大于各种组分单独应用时作用的总和。三元复合驱(ASP)是指在注入水中加入碱(A)、低浓度的表面活性剂(S)和聚合物(P)的复合体系驱油的一种提高原油采收率的方法,是在碱水驱和聚合物驱方法基础上发展起来的三次采油新技术。碱在驱油过程中,与原油中的酸性组分反应生成活性物质,表面活性剂在其中主要起降低表面张力的作用,提高洗油效率,聚合物能提高三元体系的黏度,提高驱油剂的波及体积,故 ASP 体系就是通过碱、表面活性剂、聚合物的协同效应达到提高采收率的目的。

ASP 体系中碱的主要作用有:

(1)碱可提高聚合物(HPAM)的稠化能力;

(2)碱与石油酸反应产生了表面活性剂可将油乳化,提高驱油介质的黏度,使得聚合物能有效地控制流体流度;

(3)碱与石油酸反应生成的表面活性剂与合成表面活性剂的协同效应;

(4)碱可以与地层中钙镁离子反应,或与黏度进行离子交换,起牺牲剂的作用,保护了聚合物与表面活性剂;

(5)碱可提高砂岩表面的负电性,减少砂岩表面对聚合物和表面活性剂的吸附量。

本实训主要测试碱(硅酸钠)提高 HPAM 的稠化能力,主要利用了碱能提高聚合物的水溶性这个原理。

四、实训步骤

(1)配制 0.5％HPAM 溶液 1 000 mL。

用量筒量取 995 mL 蒸馏水倒入高搅杯中,在搅拌(8 000 r/min 左右)条件下缓慢加入称好的 5gHPAM,搅拌使其完全溶解(配液要求与本篇项目一要求相同)。

(2)将配制好的 HPAM 溶液倒入六速旋转黏度计的量杯中,测量 $\phi600$ 下的黏度,记录读数。

(3)HPAM 溶液和碱(硅酸钠)的协同效应。

1)将测过黏度的 1 000 mL HPAM 溶液等分成五份,在第一份加入 0.01 g 硅酸钠,用玻璃棒搅拌 20 min 使其溶解,测其黏度,并记录读数;

2)然后在第二份溶液中加入 0.02 g 硅酸钠,搅拌溶解,测其黏度,记录读数;

3)按同样方法分别加入硅酸钠,使其加量为 0.03 g,0.04 g,0.05 g 搅拌溶解,分别测其黏度,记录读数(注意:只测 ϕ_{600} 下的读数,计算其表观黏度即可)。

五、实训数据记录与处理

将数据记录在表 15 - 1 和表 15 - 2 中。

(1)0.5％HPAM 溶液黏度(见表 15 - 1)。

表 15 - 1 数据记录

	ϕ_{600}
读　数	
黏　度	

(2)碱和 HPAM 溶液的协同效应(见表 15 - 2)。

表 15 - 2 数据记录

硅酸钠	0.01 g	0.02 g	0.03 g	0.04 g	0.05 g
ϕ_{600} 读数					
黏度					

(3)数据处理。

用 Excel 绘制硅酸钠与 HPAM 溶液黏度关系图。

六、思考题

(1)利用绘制出的曲线图,标出协同效应主要在什么区间,并说明该效应有哪些好处。为什么会出现该效应?

(2)硅酸钠加量超出协同效应区间,有何危害?

项目十六 压裂用羟丙基瓜尔胶基本性能测定

一、实训目的

(1)掌握羟丙基瓜尔胶等高分子聚合物水不溶物的测定方法；

(2)掌握按照标准判定羟丙基瓜尔胶质量的方法。

二、实训原理

目前水基压裂液仍是压裂液的主体,占使用量的80%以上。从其生产工艺、价格、适用性来讲,仍然具有很大的优势。稠化剂是满足压裂液高黏度的基础组成。国内油田大多数使用的稠化剂是天然瓜尔胶及其改性产品——羟丙基瓜尔胶(HPG),二者共占稠化剂使用量的90%以上。作为一种天然的植物胶,瓜尔胶具有较高的残渣和水不溶物,易在岩石表面形成滤饼损伤地

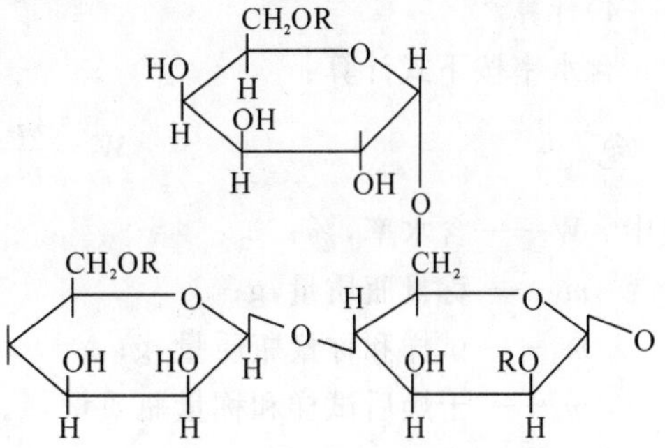

图 16-1 羟丙基瓜尔胶分子式

层渗透率。HPG 是天然瓜尔胶经过环氧丙烷的改性得到的,其分子式如图 16-1 所示,能够在一定程度上减少水不溶物。石油行业标准 SY/T 5764—2007《压裂用植物胶通用技术要求》中在"水不溶物含量"这一指标上,一级品和二级品相差一倍,标准中采用离心方法测定 HPG 水不溶物含量。其基本原理是准确称量 HPG 粉配置基液,量取一定量基液,放入离心机,高速离心分离出不溶物,恒温电热干燥箱中烘干不溶物至恒量,不溶物质量除以基液中加入的 HPG 干粉质量即为水不溶物含量(质量分数)。

HPG 作为压裂用稠化剂,其增黏能力也是主要要求,标准中采用表观黏度作为评价指标,其基本原理是准确称量 HPG 粉配置基液,六速旋转黏度计测量,读取 $100 \ r \cdot min^{-1}$ 的黏度计指针读数($170 \ s^{-1}$ 的剪切速率),按公式计算表观黏度。

检测标准中还有一些其他辅助指标要求,本实训选取了其中几个,其实训原理在本书其他实训中也有涉及,在此不再赘述。需要说明的是,本实训以 SY/T 5764—2007 中要求为主,在考虑生产一线仪器设备实际的基础上,具体做法稍有调整。

三、实训仪器及药品

1. 实训仪器

吴茵混配器或者同类等效产品；电子天平(0.01 g)；电子天平(0.001 g)；振筛机(含配套标准筛 $\phi 200 \times 50 - 0.125/0.09$, $\phi 200 \times 50 - 0.071/0.05$)；高速离心机；恒温鼓风干燥箱或者同类等效产品；六速旋转黏度计或者同类等效产品；电子秒表；水浴锅；烧杯；称量瓶；硅胶干燥

器;量筒;玻璃棒。

2.实训药品

羟丙基瓜尔胶(工业品);硼砂(化学纯)。

四、实训步骤

1.含水率测定

1)每组洗好 3 个称量瓶(编号)在电热恒温干燥箱中干燥 30 min,拿出在干燥器中冷却恒重,快速称重并记录在表 16-1 中。

2)依次在已编号的称量瓶中称取约 2~3 gHPG 胶粉(准确至 0.001 g),并记录。

3)将称量瓶放于 105±2℃烘箱中烘 4 h 后取出,立即放入干燥器内冷却 30 min 后称量,快速称重并记录。

4)计算。

含水率按下式计算:

$$W = \frac{m_2 - m_3}{m_2 - m_1} \times 100\%$$

式中　　W——含水率,%;

m_1——称量瓶质量,g;

m_2——试样和称量瓶质量,g;

m_3——干燥后试样和称量瓶质量,g。

2.细度测定

1)将标准筛 $\phi200\times50-0.125/0.09$,$\phi200\times50-0.071/0.05$ 和筛底从上到下组装好,放到振筛机上。

2)称取 10 g(精确至 0.01 g)胶粉倒在标准筛中。

3)将标准筛盖盖上并压紧,控制时间振筛 10 min。

4)准确称量筛上、筛中胶粉的质量 m_1,m_2(精确至 0.01 g),并记录在表中。

5)计算。

细度按下式计算:

$$C_1 = \frac{m_4}{10} \times 100\%$$

$$C_2 = \frac{m_5}{10} \times 100\%$$

式中　　C_1,C_2——胶粉细度,%;

m_4——未通过 $\phi200\times50-0.125/0.09$ 筛的胶粉质量,g;

m_5——通过 $\phi200\times50-0.125/0.09$ 筛,未通过 $\phi200\times50-0.071/0.05$ 筛的胶粉质量,g。

3.水不溶物含量测定

1)称取 3 份 2 g HPG 胶粉(实训指导教师提前烘干至恒重)。

2)每组洗好 3 个称量瓶(编号)在电热恒温干燥箱中干燥 30 min,拿出在干燥器中冷却恒重,快速称重(准确至 0.001 g)并记录。

3)量取 500 mL 蒸馏水于混配器杯中，低速启动，缓慢加入称取的胶粉，调电压至50～55 V，高搅 5 min，将胶液倒入烧杯中，塑料袋和橡皮筋密封，置于 30℃水浴中，恒温 4 h。

4)准确称取 50.20 g 配制好的溶液置于离心管中，将离心管放入离心机内，在 3 000 r/min 的转速下离心 30 min，慢慢倾倒出上层清液；再加蒸馏水 50 mL，用玻璃棒搅匀洗涤；再离心 20 min，去掉上层溶液，将离心管中的不溶物质洗入烘干恒重的小烧杯中，在电热恒温干燥箱中烘烤，在 105℃条件下烘干至恒量，拿出在干燥器中冷却恒重，快速称重并记录。

5)计算。

水不溶物按下式计算：

$$\eta = \frac{(m_6 - m_7)}{0.20} \times 100\%$$

式中　　η——水不溶物含量，%；

m_6——干燥后不溶物和称量瓶质量，g；

m_7——称量瓶质量，g。

4.表观黏度测定

1)称取 3 份 3 g HPG 胶粉(实训指导教师提前烘干至恒重)。

2)量取 500 mL 蒸馏水于混配器杯中，低速启动，缓慢加入称取的胶粉，调电压至50～55 V，高搅 5 min，将胶液倒入烧杯中，塑料袋和橡皮筋密封，置于 30℃水浴中，恒温 4 h。

3)将胶液注入六速旋转黏度计量筒杯中，并使转筒刚好浸入至刻度线处，使转筒在 100 r/min旋转，待表盘读值恒定后，读取并记录表盘读值在表中。(胶液倒入原烧杯用以测定 pH 值与交联性能)

4)计算。

表观黏度按下式计算：

$$\mu = \frac{5.077a}{1.704}$$

式中　　μ——表观黏度，mPa·s；

a——六速旋转黏度计 100r/min 指针读数。

5.交联性能与 pH 值测定

1)称取 0.50 g 硼砂，加入盛有 100 mL 蒸馏水的烧杯中，用玻璃棒搅拌至全部溶解(现用现配)。

2)分别从 3 杯胶液中量取 100 mL 胶液置于小烧杯中，用玻璃棒边搅拌边加入 1)中配制的交联液 10 mL，搅拌均匀，用玻璃棒挑挂，观察判断胶液的交联性能并记录在表中。

3)用玻璃棒分别蘸取少量 3 杯胶液中胶液涂抹在 3 张精密 pH 试纸上，观察试纸变色情况并与色卡比照，读取 pH 值并记录在表中。

五、实训数据记录与处理

数据记录在表 16－1，计算结果填入表 16－2 中(仿标准中产品质量检验报告单样式设计)。

(1)实训数据记录表。

表 16 - 1 数据记录

序 号	项 目	测量原始数据	平行样 1	平行样 2	平行样 3	备 注
		实验数据记录				
1	含水率 W（质量分数）%	m_1/g				
		m_2/g				
		m_3/g				
		W 计算值/（%）				
2	细度（质量分数）%	m_4/g				
		m_5/g				
		C_1 计算值/（%）				
		C_2 计算值/（%）				
3	水不溶物含量 η %	m_6/g				
		m_7/g				
		η 计算值/（%）				
4	表观黏度 μ mPa·s	a				
		μ 计算值/（mPa·s）				
5	交联性能	是否挑挂				
6	pH 值	试纸颜色与色卡中最接近颜色的数值				

（2）实训结果。

表 16-2 产品质量检验报告单

委托单位：_____   报告编号：_____

试样编号：_____   送样日期：_____

试验日期：_____   参考标准：_____

序 号	项 目	标准值		实测值	结 论
		一级品	二级品		
1	含水率 W(质量分数)/(%)	≤10.0			
2	$\phi200\times50-0.125/0.09$ 筛余量 C_1(质量分数)/(%)	≤1			
	$\phi200\times50-0.071/0.05$ 筛余量 C_2(质量分数)/(%)	≤10	≤20		
3	水不溶物 η(质量分数)/(%)	≤4.0	≤8.0		
5	表观黏度(30℃,$170s^{-1}$,0.6%)/(mPa·s)	≥110	≥105		
6	pH 值	6.5~7.5			
7	交联性能	能用玻璃棒挑挂			

判定：_____

检验人：_____   审核人：_____

检验日期：_____年___月___日

六、思考题

(1)回顾实训过程,结合小组人员实际,思考应该怎么分工协作,以什么工作流程才能用时最短圆满完成检测任务,简述之。

(2)假设你为一名压裂队的负责人,在产品质量和价格之间找一个平衡点,简述你的解决方案并给出理由。

项目十七　水基压裂液的交联与破胶

一、实训目的

(1)了解交联剂用量与水基压裂液交联时间的关系。

(2)了解破胶剂用量对交联水基压裂液破胶时间的影响。

(3)掌握水基压裂液交联时间与破胶时间测定方法。

二、实训原理

目前国内外油田水基压裂使用的稠化剂多为羟丙基瓜尔胶(HPG),该产品为淡黄色粉末,具有无毒、易交联、温度稳定性好、较强的耐生物降解性能、价格便宜等优点。

在一定的 pH 值条件下,羟丙基瓜尔胶水溶液易与由两性金属或两性非金属组成的含氧酸阴离子盐,如硼酸盐交联成水冻胶,羟丙基瓜尔胶与四硼酸钠(硼砂)交联反应如下。

四硼酸钠在水中离解成硼酸和氢氧化钠:

$$Na_2B_4O_7 + 7H_2O \Longrightarrow 4H_3BO_3 + 2NaOH$$

硼酸进一步水解形成四羟基合硼酸根离子:

$$H_3BO_3 + 2H_2O \Longrightarrow \begin{bmatrix} HO & & OH \\ & B & \\ HO & & OH \end{bmatrix}^- + H_3O^+$$

硼酸根离子与邻位顺式羟基结合:

$$\begin{matrix} -C-OH \\ | \\ -C-OH \end{matrix} + \begin{bmatrix} HO & & OH \\ & B & \\ HO & & OH \end{bmatrix}^- + H_3O^+ \Longrightarrow \begin{bmatrix} -C-O & & O-C- \\ & B & \\ -C-O & & O-C- \end{bmatrix}^- H^+ + 5H_2O$$

该交联水基冻胶压裂液黏度高,黏弹性好,成本低,因而得到广泛的应用,但该体系交联速度快(小于 10 s),管路摩阻高,上泵困难,高速通过管路和炮眼时严重剪切降解,黏度降低过快,不利于在压开的裂缝中平铺支撑剂。基于这一点,延迟交联控制技术应运而生,以现在油气田现场广泛使用有机硼交联剂为例,无机硼化合物与多羟基化合物在高度控制下进行络合反应生成含硼有机络合物(有机硼交联剂),有机硼交联剂水解形成四羟基合硼酸根离子。该反应相比上述硼酸水解速度慢得多且时间可调,pH 值越高,有机硼交联剂络合物越牢固,离解出四羟基合硼酸根离子越少,故交联速度越慢,水基压裂液黏度越低,管路摩阻小,剪切降解少,减少稠化剂用量,从而降低了稠化剂残渣对油气层的伤害。一般来说,延迟交联时间应为压裂液在井筒管道中滞留时间的 $1/2 \sim 3/4$。

本实训以 HPG 压裂基液加入有机硼交联剂为计时起点,玻璃棒快速搅拌,当玻璃棒能将该交联液整体挑挂起来时记为计时终点,该时间即为延迟交联时间。按照甲方提供的压裂设计方案,调节基液 pH 值到要求值,加入不同量交联剂溶液,测定交联时间,可以选出合适的交联剂加量。

按照压裂液性能要求,需要在压裂液中加入破胶剂,该剂在压裂结束后,通过破坏交联条件而降解聚合物大分子,使冻胶压裂液中达到破胶降黏的效果,如果破胶不彻底,黏度高,势必返排困难,破胶残渣滞留压裂吼道中,降低油气层渗透率,影响压裂效果。从这方面考虑,破胶剂用量要大,破胶时间短且破胶残渣少,但是由于大部分破胶剂在用量大时,压裂液破胶反应快,黏度降低过快不利于平铺支撑剂。

本实训以 HPG 压裂基液加入破胶剂(过硫酸铵),用有机硼交联剂交联剂进行交联,基液加入交联剂为计时起点,玻璃棒快速搅拌至整体挑挂,密闭放入水浴锅,一定时间后,取出破胶液用旋转黏度计测定其黏度,当黏度在 10 mPa·s 时记为计时终点,该时间即为破胶时间。加入不同量破胶剂,用相同加量交联剂进行交联,分别测定出破胶时间,这样可以选出合适的破胶剂加量。

三、实训仪器及药品

1. 实训仪器

吴茵混配器或者同类等效产品;天平(0.01 g);电子天平(0.000 1 g);水浴锅;六速旋转黏度计或者同类等效产品;电子秒表或者同类等效产品;烧杯;移液管;量筒;玻璃棒。

2. 实训药品

羟丙基瓜尔胶(工业品);有机硼交联剂(工业品或自制);过硫酸铵(分析纯);10%氢氧化钠溶液(自制)。

四、实训步骤

1. 基液配制

在吴茵混配器高搅杯中装入 400 mL 蒸馏水,将时间设定为 30 min,转速设定为 8 000 r/min,称取 2 g HPG,在搅拌状态下缓慢均匀加入高搅杯中,待搅拌结束,将已配好的基液加盖放入 30℃水浴锅中恒温静置 4 h,待黏度趋于稳定。由于本次实训基液用量较大,学生应该以组为单位提前进入实训室,每组配置 6 杯基液待用。

2. 延迟交联时间测定

1)用 10%氢氧化钠溶液调节基液 pH 值到 10,分 5 次量取 100 mL 上述提前配好基液,放入 300 mL 烧杯中(烧杯提前编号 1,2,3,4,5)。

2)用移液管量取有机硼交联剂溶液 1 mL,加入烧杯 1 中,用玻璃棒快速搅拌,在加入交联剂的同时,另外一名同学用秒表开始计时,当玻璃棒能将该交联液整体挑挂起来时记为计时终点,该时间即为延迟交联时间,记录该时间于表 17-1 中。

注:有机硼交联剂溶液由实训教师提前准备好,要保证其加量为 1 mL 时能挑挂而交联时间小于 400 s,加量 5 mL 时交联时间不小于 30 s。

3)用移液管量取有机硼交联剂溶液 2 mL,加入烧杯 2 中,按 2 操作,记录该时间于表 17-1 中。

4)交联剂溶液加量为 3 mL,4 mL,5 mL 时,依次加入烧杯 3,4,5 中,测定延迟交联时间,记录该时间在表 17 - 1 中。

3. 破胶时间测定

1)称取 5 g 过硫酸铵溶于 100 mL 蒸馏水中配制成溶液。

2)将上述提前配好基液剩余的 5 杯,依次编号为 a,b,c,d,e。

3)用移液管量取有机硼交联剂溶液 5 mL(以下均用相同加量),加入烧杯 a 中,用玻璃棒快速搅拌,在加入交联剂的同时,另外一名同学用秒表开始计时;用另外一只移液管快速量取过硫酸铵溶液 5 mL 也放入烧杯,当玻璃棒能将该交联液整体挑挂起来(测定交联时间并记录在表 17 - 2 中),用塑料袋和橡皮筋密封好再放入提前升温至 60℃ 的水浴锅中。30 min 时,用玻璃棒搅拌烧杯中交联压裂液,若继续能挑挂则判定其未破胶,在表 17 - 2 中记录为未破胶;60 min 时,用玻璃棒再搅拌烧杯中交联压裂液,若继续能挑挂则在表中记录为未破胶,以后每 30 min 重复该操作一次,直到压裂液勉强能挑挂则在表中记录为开始破胶;20 min 后,搅拌烧杯中压裂液,用六速旋转黏度计 100 r/min 挡测量读数,计算压裂液破胶液的黏度(黏度≈3× 读数,单位为 mPa·s)并记录在表中;以后每 20 min 重复测一次黏度直至黏度小于 10 mPa·s,该时间即为破胶时间。

注:为了破胶时间更加准确,建议破胶液黏度小于 60 mPa·s 后,时间间隔为每 5 min 测一次。

4)过硫酸铵溶液加量改为 10 mL,重复操作 3),并将数据记录在表 17 - 2 中。

5)过硫酸铵溶液加量改为 20 mL,重复操作 3),并将数据记录在表 17 - 2 中。

6)过硫酸铵溶液加量为 20 mL,但与操作 3)不同的是,压裂液已交联挑挂后,再加入过硫酸铵溶液并搅拌(搅拌时间基本与上述操作 3)~5)等同),重复操作 3),并将数据记录在表 17 - 2 中。

7)过硫酸铵溶液加量为 20 mL,但与操作 3)不同的是,过硫酸铵溶液与 e 杯基液搅拌均匀后再加入交联剂,重复操作 3),将数据记录在表 17 - 2 中。

五、实训数据记录与处理

将数据记录在表 17 - 1 和表 17 - 2 中。

(1)延迟交联时间测定(见表 17 - 1)。

表 17 - 1　数据记录

交联剂加量/mL	1	2	3	4	5
延迟交联时间/s					

(2)破胶时间测定(见表 17 - 2)。

表 17 - 2　数据记录

破胶剂加入次序/加量/mL	同时加/5	同时加/10	同时加/20	后加/20	先加/20	水浴锅放置时间/min
延迟交联时间/s						0
压裂液状态或破胶黏度/(mPa·s)						30

续 表

破胶剂加入 次序/加量/mL	同时加/5	同时加/10	同时加/20	后加/20	先加/20	水浴锅放置 时间/min
压裂液状态或破胶黏度/(mPa·s)						60
压裂液状态或破胶黏度/(mPa·s)						90
压裂液状态或破胶黏度/(mPa·s)						120
压裂液状态或破胶黏度/(mPa·s)						150
压裂液状态或破胶黏度/(mPa·s)						180
压裂液状态或破胶黏度/(mPa·s)						210
压裂液状态或破胶黏度/(mPa·s)						240
压裂液状态或破胶黏度/(mPa·s)						270
压裂液状态或破胶黏度/(mPa·s)						300
压裂液状态或破胶黏度/(mPa·s)						330
压裂液状态或破胶黏度/(mPa·s)						360

（3）数据处理。

用 Excel 绘制交联剂加量与延迟交联时间关系图,并在图上标出延迟交联时间分别为90 s和210 s时的交联剂加量。

六、思考题

（1）联系所学压裂液理论知识,给定延迟交联时间,让你来确定交联剂加量,你的准确做法是什么？为什么？

（2）通过对表 17-1 数据的分析,你认为最理想的破胶剂应该具有哪些特征？

（3）破胶剂加入次序各有什么优缺点？

（4）一口正常地温梯度为 4 000 m 气井,压裂时破胶剂应该怎么添加？

项目十八　压裂支撑剂(陶粒)的基本性能测定

一、实训目的

(1)掌握陶粒等固体抗破碎能力和密度的测定方法；

(2)掌握按照标准判定陶粒质量的方法。

二、实训原理

压裂支撑剂(陶粒)是一种陶瓷颗粒产品,以优质铝矾土为主要原料经破碎细磨成微粉后,配以各种添加剂,反复混练、制粒、抛光、高温烧结而成。该产品具有耐压强度高、密度低、圆球度好、光洁度高、导流能力强等优点。

低渗透性油气田经压裂处理后,使含油气岩层裂开,油气从裂缝形成的通道中汇集而出,用压裂支撑剂(陶粒)随同高压溶液进入地层充填在岩层裂隙中,起到支撑裂隙不因上覆岩层压力释放而闭合的作用,从而保持高导流能力,使油气畅通,增加产量。

天然石英砂、玻璃球、金属球等中低强度支撑剂在石油天然气深井压裂开发时,高闭合压力使之易压碎,不利于支撑地层裂缝,且压碎的残片易于流动堵塞于支撑剂形成的孔隙,表现为压裂后地层渗透率远低于设计预期,故抗压强度为压裂支撑剂(陶粒)性能评价的主要指标之一；支撑剂粒径大,形成的孔隙大,表现为压裂后油气层渗透率大,支撑剂粒径小、渗透率小,从此角度考虑支撑剂粒径要大,但是支撑剂粒径大,其质量大,容易沉降,不易均匀铺展到长地层裂缝,压裂后油气层渗透率反而不高,故要求支撑剂粒径要大、密度要小(质量小易于携带)、抗压强度大、圆球度好(颗粒越园形成的孔隙越大)。

目前油气田一线判定支撑剂质量主要依照石油行业标准 SY/T 5108—2006《压裂支撑剂性能指标及测试推荐方法》,本实训主要内容和实验方案均节选自该标准。由上面分析可知,油气井压裂由于井深、地层温度、地质情况等都有所不同,施工设计要求支撑剂的性能也不同,故市场上形成了不同规格的支撑剂,该标准对不同规格支撑剂性能指标及测试推荐方法做出明确的规定。

本实训将某种规格的陶粒作为实训对象,学生需要在标准中查出该规格陶粒所对应的性能指标,接下来按照测试推荐方法进行试验,得出数据就可以判定陶粒是否合格。其中陶粒的抗压强度以抗破碎能力进行表征,其测定原理是利用压力机给符合标准要求的支撑剂破碎室在给定时间内均匀加压到额定压力,利用标准上要求的筛网筛出破碎物,称量破碎物质量除以加入到破碎室的陶粒质量进行百分比计算,得出破碎率,符合标准要求即可判为其抗破碎能力合格。密度以视密度和体积密度进行表征,陶粒的视密度为其真实的质量除以颗粒自身的体积,其值越小,颗粒质量越小,压裂越易携带悬浮,有利于施工。其测定原理是在定体积密度瓶中装满陶粒,利用水来充满陶粒之间的孔隙,称量密度瓶(含装好的陶粒)质量,加水充满孔隙后,再称量密度瓶总质量,总质量减去质量再除以试验温度下水的密度即可得出水的体积,再以陶粒的质量除以陶粒的体积(定体积减去加入水的体积)即为视密度。陶粒的体积密度为陶粒的质量,单位体积不刨除陶粒颗粒之间孔隙的体积,相同质量的陶粒,其形成的孔隙越大,体积密度越小,用这种陶粒压裂施工后地层渗透率越佳。其测定原理是在定体积密度瓶中装满陶粒,称量密度瓶(含装好的陶粒)质量,该质量减去密度瓶质量再除以陶粒的体积(定体积)即为体积密度。酸溶解度用以表征压裂施工后,支撑剂在该井其他后续作业(例如酸化施工)后能否继续保持地层渗透率,若后续作业后陶粒被腐蚀严重,颗粒变小将使形成的孔隙变小,若陶粒进一步变小或破碎,将起不到支撑裂缝的作用,孔隙变小直至消失,表现为地层渗透率逐渐减小,其测定原理是一定质量陶粒放入酸液中反应后测定其质量,该质量除以陶粒反应前的质量即为酸溶解度。

三、实训仪器及药品

1. 实训仪器

压力机(含符合 SY/T 5108—2006 要求的支撑剂破碎室);电子天平(0.01 g);电子天平(0.001 g);台式烘箱或者同类等效产品;聚四氟乙烯漏斗;抽滤瓶;微型真空泵;聚四氟乙烯量桶;聚四氟乙烯烧杯;烧杯;浊度仪;医用注射器;密度瓶;水浴锅,震筛机。

2. 实训药品

陶粒(工业品);浓盐酸(分析纯);40%的氢氟酸(分析纯)。

四、实训步骤

1. 检测指标确定

一般来说,待测陶粒的规格在包装袋上或送样单上均已明确,直接跳过这一步,查表18-2可确定对应规格陶粒酸溶解度指标;查表18-3可确定对应规格陶粒支撑剂抗破碎测试压力及技术要求,需要说明的是,20/40目与30/50目两种规格陶粒密度不同时破碎率和抗压强度指标不相同,需要先测定密度才能确定闭合压力、破碎室受力及破碎率。若待测陶粒的规格不清楚,需要预测其大体为何种规格,按照测定粒径符合率的方法判定预测成功与否,若不成功需要重新实验确定,确定规格后再按照上述办法确定陶粒检测指标。本实训陶粒规格需要同学们预先判定。

(1)粒径符合率。

支撑剂的粒径分为 11 个规格,筛析实验所用的标准筛组合见表 18-1。落在粒径规格内的样品质量应不低于样品质量的 90%,小于支撑剂粒径规格下限的样品质量应不超过样品总质量的 2%,大于顶筛孔径的支撑剂样品质量应不超过样品总质量的 0.1%。落在支撑剂粒径规格下限筛网上的样品质量,应不超过样品总质量的 10%。

表 18-1　支撑剂粒径规格及试验标准组合

粒径规格/μm	3 350/ 1 700	2 360/ 1 180	1 700/ 1 000	1 700/ 850	1 180/ 850	1 180/ 600	850/ 425	600/ 300	425/ 250	425/ 212	212/ 106
参考筛目/目	6/12	8/16	12/18	12/20	16/20	16/30	20/40	30/50	40/60	40/70	70/140
筛析实验标准筛组合/μm	4 750	3 350	2 360	2 360	1 700	1 700	1 180	850	600	600	300
	3 350	**2 360**	**1 700**	**1 700**	**1 180**	**1 180**	**850**	**600**	**425**	**425**	**212**
	2 360	2 000	1 400	1 400	1 000	1 000	710	500	355	355	180
	2 000	1 700	1 180	1 180	**850**	850	600	425	300	300	150
	1 700	1 400	**1 000**	1 000	710	710	500	355	**250**	250	125
	1 400	**1 180**	850	**850**	600	**600**	425	**300**	212	**212**	**106**
	1 180	850	600	600	425	425	300	212	150	150	75
	底盘	底盘	底盘	底盘	底盘	底盘	底盘	底盘	底盘	底盘	底盘

注:表中黑体数字为相应粒径规格的上、下限。

（2）酸溶解度。

各种粒径规格支撑剂允许的酸溶解度值以及石英砂和陶粒支撑剂的酸溶解度指标见表18－2。

表 18-2　支撑剂酸溶解度指标

支撑剂粒径规格/μm	酸溶解度的允许值/(%)
3 350～1 700,2 360～1 180,1 700～1 000,1 700～850,1 180～850, 1 180～600,850～425,600～300	≤5.0
425～250,425～212,212～106	≤7.0

（3）抗破碎能力。

陶粒支撑剂抗破碎测试压力及技术要求见表18－3。陶粒支撑剂抗破碎能力实验使用的破碎室为标准破碎室,如果破碎室直径与标准给出的破碎室直径不符,需要按下式计算相应的破碎室受力 F:

$$F = 0.078\,5pd^2$$

式中　F——破碎室受力,kN;

　　　p——额定闭合压力,MPa;

　　　d——破碎室直径,mm。

表 18-3　陶粒支撑剂抗破碎测试压力及技术要求

粒径规格/μm	体积密度/视密度 g·cm^{-3}	闭合压力/MPa	破碎室受力/kN	破碎率/(%)
3 350~1 700(6/12 目)		52	105	≤25.0
2 360~1 180(8/16 目)		52	105	≤25.0
1 700~1 000(12/18 目)		52	105	≤25.0
1 700~850(12/20 目)	—	52	105	≤25.0
1 180~850(16/20 目)		69	140	≤20.0
1 180~600(16/30 目)		69	140	≤20.0
	≤1.65/≤3.00	52	105	≤9.0
850~425(20/40 目)	≤1.80/≤3.35	52	105	≤5.0
	>1.80/>3.35	69	140	≤5.0
	≤1.65/≤3.00	52	105	≤8.0
600~300(30/50 目)	≤1.80/≤3.35	69	140	≤6.0
	>1.80/>3.35	69	148	≤5.0
425~250(40/60 目)		86	174	≤10.0
425~212(40/70 目)	—	86	174	≤10.0
212~106(70/140 目)		86	174	≤10.0

2.密度测定

(1)体积密度测试。

1)将 3 个密度瓶清洗干净,烘干、冷却、编号后,使用感量为 0.001 g 的天平称出 100 mL 密度瓶的质量,记录在表 18-4 中。

2)将送样袋上下颠倒 10 次以上,依次倒出三份陶粒样品,为了减少陶粒沉降造成的误差,建议每次取样前将送样袋上下颠倒 10 次以上。

3)将样品装入密度瓶内至 100 mL 刻度处,不要摇动密度瓶或震实,称出装有支撑剂的密度瓶的质量,记录在表 18-4 中。

4)按下式计算陶粒体积密度:

$$\rho_a = \frac{m_{gp} - m_g}{V}$$

式中　ρ_a——陶粒体积密度,g/cm^3;

m_{gp}——密度瓶与陶粒的质量,g;

m_g——密度瓶的质量,g;

V——密度瓶标定体积,cm^3。

(2)视密度测试。

1)将 3 个密度瓶清洗干净,烘干、冷却、编号后,称出密度瓶的质量(记为 m_1),记录在表 18-4 中。

2)依次缓慢在瓶内加水至 100 mL 刻度处,称量其质量 m_2,记录在表 18-4 中。

3)倒出瓶内的水,烘干密度瓶。

4)瓶内加陶粒至 100 mL 刻度处,不要摇动密度瓶或震实,称量其质量 m_3,记录在表 18-4中。

5)将带有支撑剂样品的瓶内装水至 100 mL 刻度处,轻敲排除气泡,若消泡后低于刻度线,补水至刻度线上,称量其质量 m_4,记录在表 18-4 中。

6)按下式计算陶粒视密度:

$$\rho_b = \frac{m_3 - m_1}{\dfrac{m_2 - m_1}{\rho_w} - \dfrac{m_4 - m_3}{\rho_w}}$$

式中　ρ_b——陶粒视密度,g/cm^3;

　　m_1——密度瓶的质量,g;

　　m_2——密度瓶加满水后的质量,g;

　　m_3——密度瓶加陶粒后的质量,g;

　　m_4——密度瓶加陶粒再加满水的总质量,g;

　　ρ_w——水的密度(实验时,实验室内温度所对应密度),g/cm^3。

3.酸溶解度测定

1)将适量的陶粒样品在 105℃ 下烘干至恒重(约 1 h),然后放在干燥器内冷却 0.5 h,待用(建议实训开始时,测定同规格陶粒的同学推选一人计算大体用量,完成此项准备工作)。

2)依次称取上述经过处理的陶粒三份(5 g 左右),准确至 0.001 g,记为 m_s,记录在表 18-4中。

3)在 250 mL 塑料量杯内加入 100 mL(106.6 g)配制好的盐酸氢氟酸溶液(该酸由实训指导教师提前配好),再将已称好的陶粒倒入量杯内。

4)将盛有酸溶液和陶粒的量杯放在 65℃ 的水浴内恒温 0.5 h。注意不要搅动,塑料袋与橡皮筋密封使其不受污染。

5)将定性滤纸放入聚四氟乙烯漏斗内,在 105℃ 条件下烘干 1 h 后称量,并记录其质量 m_{fp}于表 18-4 中(建议实训开始时,完成此项准备工作);而后放在真空抽滤瓶口上。

6)将反应产物倒入漏斗,为了确保量杯内的所有陶粒颗粒都倒入漏斗,可以用洗瓶少量多次冲洗量杯和玻璃棒,然后进行真空抽滤。

7)在抽滤过程中用蒸馏水冲洗样品 5~6 次(每次用 20 mL 左右),直至冲洗液显示中性为止。

8)将漏斗及其内的滤纸和抽滤物一起放入烘箱内,在 105℃ 条件下烘干至恒重(约 2 h),然后放入干燥器内冷却 0.5 h,称量其质量 m_{fs},并记录数据于表 18-4中。

10)按下式计算陶粒的酸溶解度:

$$S = \frac{m_{fs} - m_{fp}}{m_s} \times 100\%$$

式中　S——陶粒的酸溶解度,g/cm^3;

　　m_s——陶粒的质量,g;

m_{fp}——四氟乙烯漏斗及滤纸的质量,g;

m_{fs}——四氟乙烯漏斗、滤纸及酸后陶粒的总质量,g。

4.支撑剂的浊度试验

1)分别在 3 个 300 mL 广口瓶内依次加入 40 g 左右陶粒。

2)在上述广口瓶内倒入 100 mL 蒸馏水,静止 30 min。

3)用手摇动 0.5 min(约 40~50 次,不能搅动),放置 5 min。

4)调试浊度计,接好电源,预热 30 min,用标准浊度板调试仪器至规定值,再用二次蒸馏水校正零位。

5)将制备好的样品用注射器注入比色皿中,然后放入仪器内进行测量,直接从仪器显示屏上读取浊度值,其单位为 NTU(度),记录在表 18-4 中。

5.压裂用陶粒抗破碎测试

1)称取所需的陶粒支撑剂样品 500 g。

2)分 3 次倒入陶粒粒径规格所对应的两个标准筛的顶筛中(见表 18-1,黑体字所对应的筛子),每次振筛 10 min,筛选出所需的样品(通过上限筛网且留在下限筛网上)。

3)按下式计算陶粒支撑剂抗破碎实验所需样品质量:

$$m_{p2} = C_2 \rho_a d^2$$

式中　m_{p2}——支撑剂样品质量,g;

　　　C_2——计算系数,$C_2 = 0.958$ cm;

　　　ρ_a——支撑剂体积密度,g/cm³;

　　　d——支撑剂破碎室的直径,cm。

4)使用感量为 0.01 g 的天平称取 3 份所需的样品,记为 m_p。

5)将样品倒入破碎室,然后放入破碎室的活塞,旋转 180°。将装有样品的破碎室放在压力机台面。用 1 min 的恒定加载时间将额定载荷匀速加到受压破碎室上,稳载 2 min 后卸掉载荷。

6)从压力机下取下破碎室,打开将压后的陶粒倒入筛中(按表 18-1 陶粒粒径规格所对应黑体字所提示的下限),振筛 10 min,称取底盘中破碎颗粒质量,记为 m_c。

7)按下式计算陶粒支撑剂破碎率:

$$\eta = \frac{m_c}{m_p} \times 100\%$$

式中　η——陶粒支撑剂破碎率;

　　　m_c——破碎样品的质量,g;

　　　m_p——支撑剂样品的质量,g。

五、实训数据记录与处理

数据记录在表 18-4,计算结果填入表 18-5 中(依据标准中产品指标设计的质量检验报告单)。

(1)实训数据记录表(见表 18-4)。

表 18-4 数据记录

项 目	实验数据记录				备 注
	测量原始数据	平行样 1	平行样 2	平行样 3	
体积密度/(g·cm^{-3})	m_{gp}/g				
	m_g/g				
	V/cm^3				
	ρ_a 计算值/(g·cm^{-3})				
视密度/(g·cm^{-3})	m_1/g				
	m_2/g				
	m_3/g				
	m_4/g				
	ρ_w/(g·cm^{-3})				
	ρ_b 计算值/(g·cm^{-3})				
酸溶解度/(%)	m_s/g				
	m_{fp}/g				
	m_{fs}/g				
	S 计算值/(g·cm^{-3})				
浊度/(NTU)					
破碎率(52MPa)/(%)	m_c/g				
	m_p/g				
	η 计算值/(%)				

(2)实训结果(见表 18-5)。

表 18 – 5　产品质量检验报告单

委托单位：_____　　　　　　　　　　　报告编号：_____

试样编号：_____　　　　　　　　　　　送样日期：_____

试验日期：_____　　　　　　　　　　　参考标准：_____

序　号	项　目	标准值	实测值	结　论
1	体积密度/(g·cm⁻³)	≤1.80		
2	颗粒密度/(g·cm⁻³)	≤3.35		
3	浊度/(NTU)	≤100		
4	酸溶解度/(%)	≤5		
5	破碎率(52MPa)/(%)	≤5		

判定：

检验人：_____　　　　　　　　　　　审核人：_____

检验日期：_____年_____月_____日

六、思考题

(1)假设给你们 4 人小组一个未知规格石英砂支撑剂，请你拟定工作流程(要求用时最短，测量数据准)。

(2)查阅资料，请你给陕北井深 4 000 m 的天然气井压裂用陶粒提出产品指标要求，并简述缘由。

项目十九 黏土稳定剂类产品防膨率性能测定

一、实训目的

(1) 了解高温高压岩膨胀仪的结构、工作原理及使用方法；

(2) 掌握黏土稳定剂类产品防膨率的测定方法。

二、实训原理

黏土矿物广泛存在于油层中，通常当油藏含黏土5％～20％时，则认为它是黏土含量较高的油层，如果在开发过程中措施不当，就会造成黏土矿物膨胀、分散和运移，从而堵塞地层孔隙结构的喉部，降低地层的渗透性，产生地层损害，堵塞地层孔道，导致地层渗透率的下降。黏土稳定剂是一种可以有效防止黏土矿物质的水化膨胀和分散转移的试剂，正确使用可以有效防止黏土矿物导致储层损害，从而提高油气井开发效果。

目前，国内外黏土稳定剂一般分为无机类、有机类和复配型等三大类，其中无机黏土稳定剂一般为无机盐类，具有成本低、见效快、有效期短的特点；有机黏土稳定剂一般为聚合物类，具有成本高、有效期长的特点；复配型稳定剂通常为聚合物与无机盐及表面活性剂的复配产品，兼具前两类的优点。黏土稳定剂由于适用油气层不同而导致产品型号千差万别，故产品性能评价指标众多，但所有产品都有防膨效果这一评价指标，目前石油行业标准中通常有离心法和膨胀仪法两种。离心法通过测定膨润土粉在黏土稳定剂溶液和清水中的积膨胀增量来评价防膨率，其仪器使用前面已有实训涉及，故本实训仅介绍膨胀仪法。需要说明的是，以后工作中，采取何种方法以行业标准和企业实际为准。

膨胀仪法就是用页岩膨胀仪测定岩样在黏土稳定剂溶液和清水中的线膨胀增量来评价防膨率。其基本原理是将岩样（膨润土或地层岩石粉末在特定条件下压制而成）装入膨胀仪主测杯内，经加热装置将主测杯加热至设定温度（一般为使用该黏土稳定剂的地层的模拟温度），然后由气压驱动将测试液体压入主测杯与试样面接触，并加压至指定压力，记录初始黏土样品高度 h_0。随测试液体与黏土接触时间的增长，黏土膨胀，高度增加经导杆由容栅传感器感应出试样轴向的位移信号，通过计算机系统将膨胀量随时间的关系曲线记录下来，并显示在屏幕上，不同时刻的膨胀量除以黏土样品的初始高度可得该岩样在不同时刻的膨胀率。当膨胀量达到稳定时可求最大膨胀率，可按下式进行计算：

$$E = \frac{h_t - h_0}{h_0} \times 100\%$$

式中　E——膨胀率，％；

　　　h_0——黏土样品的初始高度，mm；

　　　h_t——黏土样品在 t 时刻的高度。

　　按上面操作方法,可以测出岩样在清水中的最大膨胀率,在清水中加入一定的黏土稳定剂(即为处理过的黏土),利用上面操作方法测出最大膨胀率,按下式进行计算即为黏土稳定剂的防膨率:

$$B = (E_1 - E_2) \times 100\%$$

式中　B——防膨率,%;

　　　E_1——未经处理过的黏土的最大膨胀率,%;

　　　E_2——处理过的黏土的最大膨胀率,%。

　　膨胀仪法常用高温高压泥页岩膨胀仪(示意图见图 19-1),主测杯结构示意图如图 19-2所示。国内外膨胀仪类型较多,一般来说测量压力越来越大,测量温度越来越高,测量精度越来越高,自动化程度也越来越高(自动数据采集与计算)。

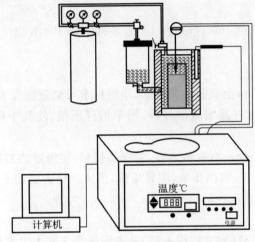

图 19-1　高温高压泥页岩膨胀仪原理示意图

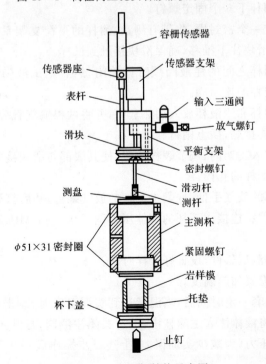

图 19-2　主测杯结构示意图

三、实训仪器及药品

1. 实训仪器

高温高压泥页岩膨胀仪、氮气瓶（氮气压力大于 5MPa）及配套管汇、电子天平（0.01g）、岩样压制装置、游标卡尺、台式烘箱或者同类等效产品。

2. 实训药品

膨润土或地层岩石粉末、黏土稳定剂（工业级或自制）。

四、实训步骤

1. 样品制备

（1）样品烘干。

将土样或泥页岩样粉（过 100 目筛）在 105℃条件下烘干 4 h 以上，冷却至室温，放置于干燥器内备用。

（2）样品压制。

1）将带孔托垫放入模内，上面放一张滤纸，用游标卡尺测量深度 h_1。

2）用天平称取 5～10 g 样品装入压模内，用手拍打压模，使其中样品端面平整，并在表面再放一张滤纸。

3）将压棒置于模内，轻轻左右旋转下推，与样品接触；将组好的岩样模置于油压机平台上，加压至 4 MPa，5 min 后泄压；取出压棒，倒置压模，倒出岩样表层的土样用游标卡尺测量深度 h_2，至此岩样制好，岩样长度 $h_0 = h_1 - h_2$。

2. 膨胀率测试

（1）将制备好的黏土试样（同岩样模一起）从主测杯底部装入主测杯内，同时注意主测杯底部放置密封圈，紧固主测杯下 6 个固定螺钉。

（2）在主测杯上部放一个密封圈，将带有测盘、测杆的平衡支架系统放入主测杯内调整好位置，拧紧固定螺钉；将滑块往下推移，确保滑块接触到试样。

（3）将注液杯与主测杯之间的注液阀顺时针关闭，然后把试液（15～20 mL）倒入注液杯中，拧紧杯盖。关闭注液杯的连通阀。

（4）将连接好的主测杯和注液杯放入加热套中，并将两根输气管分别与主测杯的输入三通阀和注液杯的连通阀杆连接好，插上销钉。

（5）将容栅传感器放入支架内，调节表杆位置，使其底部与滑块接触，并拧紧固定螺钉。然后将温度传感器插入主测杯的孔内。

（6）拧紧注液杯上部的放气手柄，拧紧主测杯的放气螺钉，然后打开注液杯的连通阀；打开总气源阀，调节减压阀：①将连接注液杯的气体压力调至 0.5～1 MPa；②将主测杯的气体压力调至实训压力 3.5 MPa。

（7）打开计算机中的测试软件，设置好采样时间。

（8）打开电源开关，设置加热温度。

（9）主测杯放入加热套一定时间后，当温度达到实训温度时，点击测试软件上的"清零"和"开始"键；打开注液阀，将液体注入主测杯中，迅速关闭注液阀；打开主测杯的放气螺钉，调节主测杯中的压力到实训压力（为减少实训误差，上述三步操作最好在 15 s 内完成）；则指定温度、压力条件下的膨胀实训正式开始。

(10)记录不同时间黏土试样的膨胀量,当膨胀量达到稳定时,停止实训。

(11)关闭总气源阀,旋紧主测杯上的放气螺钉,关闭注液杯的连通阀,关闭主机电源缓慢拧开注液杯上部的放气手柄,放出其中的气体;松开减压阀(连接两根输气管线),卸下与注液杯、主测杯相连的管线。

(12)卸下容栅传感器,卸下温度传感器。

(13)将主测杯从加热套中提出,置于空气中冷却(温度很高时,可用湿布冷却),至温度 $T \leqslant 40℃$,松开主测杯的放气螺钉,松开注液杯上部的连通阀,打开注液阀,放掉杯内余压。

(14)确认主测杯和注液杯内没有气压后,卸下注液杯杯盖,松开主测杯上盖和下盖的紧固螺钉,卸下主测杯的上、下杯盖,取出岩样模,清洗导杆端面以及主测杯内壁,擦干后存放。

3. 黏土稳定剂的防膨率测定

(1)计算并配置 0.5% 黏土稳定剂溶液 50 mL。

(2)重复步骤(1),压制一个新岩样,测量并记录数据。

(3)重复步骤(2),测定新岩样在黏土稳定剂溶液的膨胀率。

(4)找出岩样在清水和黏土稳定剂溶液最大膨胀率,按实训原理中公式计算黏土稳定剂的防膨率。

五、实训数据记录与处理

(1)测量岩样在清水中膨胀率的数据及处理(见表 19-1)。

表 19-1 数据记录

时间/min	膨胀量/mm	膨胀率/(%)	时间/min	膨胀量/mm	膨胀率/(%)
1			40		
5			50		
10			60		
15			90		
20			120		
30			150		
测试温度=( )℃,测试压力=( )MPa , 黏土样品的初始高度 h_0=( )mm					

(2)测量岩样在黏土稳定剂溶液中膨胀率的数据及处理(见表 19-2)。

表 19-2 数据记录

时间/min	膨胀量/mm	膨胀率/(%)	时间/min	膨胀量/mm	膨胀率/(%)
1			40		
5			50		
10			60		
15			90		

续 表

时间/min	膨胀量/mm	膨胀率/(%)	时间/min	膨胀量/mm	膨胀率/(%)
20			120		
30			150		
测试温度=（　　）℃,测试压力=（　　）MPa，　黏土样品的初始高度 h_0=（　　）mm					

（3）计算黏土稳定剂防膨率：

$$B = (E_1 - E_2) \times 100\%$$

六、思考题

（1）结合所学知识,写出离心法测定黏土稳定剂防膨率的步骤；

（2）在初步筛选黏土稳定剂时,用高温高压泥页岩膨胀仪测定法有何不足？应该用什么方法？

项目二十　泡沫液配制与稳泡

一、实训目的

(1)掌握泡沫液的制备与性能评定方法；

(2)掌握泡沫液稳定剂评价方法。

二、实训原理

泡沫是气体分散在液体中的分散体系，在起泡剂的作用下，通过搅拌可以制得稳定的泡沫。有些起泡剂有很强的起泡能力，形成稳定的泡沫体系，有些起泡剂起泡率很高，但泡沫粗糙，很容易破裂，有效期短。一般用半衰期表示泡沫的稳定性，半衰期越长，泡沫越稳定。用泡沫质量表示表面活性剂的起泡率，泡沫质量越大，起泡率越高。半衰期为清液到量筒的75mL的刻度线处所需的时间。

泡沫质量是泡沫体系气体体积与液体体积的比值，计算公式为

$$泡沫质量 = \frac{V - V_1}{V_1} \times 100\%$$

式中　V——泡沫总体积，mL；

　　V_1——为用量筒所取的试液体积，mL。

聚合物能增强泡沫表面液膜的强度，从而使泡沫稳定性增强，表现为半衰期延长。

三、实训仪器及药品

1. 实训仪器

电动搅拌器(转速范围为8 000 r/min或10 000 r/min)或者同类等效产品；天平(精度0.01 g)；秒表；容量瓶；量筒；烧杯。

2. 实训药品

起泡剂(工业品或自制)；HPG(工业品)。

四、实训步骤

1. 起泡剂半衰期和泡沫质量的测定

(1)试液配制。分别用蒸馏水、自来水水为溶剂，起泡剂为溶质，用500 mL容量瓶配制浓度为3.0 mL/L的试液各500 mL，并分别编号为试液1、试液2。

(2)用量筒量取150 mL试液1，倒入高搅杯，在高搅器上以8 000 r/min的转速搅拌10 min，使其生成泡沫。

(3)搅拌后快速把泡沫倒入1 000 mL量筒，读出泡沫体积并摁秒表计时，测出半衰期(半

衰期为清液到量筒的 75 mL 的刻度线处的时间),同时观察泡沫现象,计算泡沫质量。

(4)用量筒重新量取 150 mL 试液 1,在高搅器上以 10 000 r/min 的转速搅拌 10 min,使其生成泡沫。重复步骤(3),测出半衰期,计算泡沫质量。

(5)用量筒量取 150 mL 试液 2,重复步骤(2)、(3)、(4),测出半衰期,观察泡沫现象并计算泡沫质量,以上数据均记录在表 2-17 中。

2. HPG 溶液泡沫半衰期和泡沫质量的测定

(1)试液配制。用蒸馏水配 0.1% HPG 溶液 500 mL,用自来水配 0.1% HPG 溶液 500 mL,以这两种溶液为溶剂,起泡剂为溶质,用 500 mL 容量瓶配制浓度为 3.0 mL/L 的试液各 500 mL 并编号为试液 3、试液 4。

(2)用量筒量取 150 mL 试液 3,倒入高搅杯,在高搅器上以 8 000 r/min 的转速搅拌 10 min,使其生成泡沫。

(3)搅拌后快速把泡沫倒入 1 000 mL 量筒,读出泡沫体积并摁秒表计时,测出半衰期(半衰期为清液到量筒的 75 mL 的刻度线处的时间),同时观察泡沫现象,计算泡沫质量。

(4)用量筒重新量取 150 mL 试液 3,在高搅器上以 8 000 r/min 的转速搅拌 10 min,使其生成泡沫。重复步骤(3),测出半衰期,计算泡沫质量。

(5)用量筒量取 150 mL 试液 4,重复步骤(2)~(4),测出半衰期,观察泡沫现象并计算泡沫质量。

五、实训数据记录与处理

将数据记录在相应表 20-1 和表 20-2 中。

(1)起泡剂半衰期和泡沫质量(见表 20-1)。

表 20-1　数据记录

试 液		泡沫现象	半衰期/s	泡沫总体积/mL	泡沫质量
1	8 000r/min				
	10 000r/min				
2	8 000r/min				
	10 000r/min				

(2)HPG 溶液泡沫半衰期和泡沫质量(见表 20-2)。

表 20-2　数据记录

试 液		泡沫现象	半衰期/s	泡沫总体积/mL	泡沫质量
3	8 000r/min				
	10 000r/min				
4	8 000r/min				
	10 000r/min				

六、思考题

(1)相同溶剂中,转速不同时泡沫质量有何不同? 试分析原因。

(2)转速相同时,水质不同时泡沫质量有何不同? 试分析原因。

(3)HPG 作为稳泡剂有何作用? 并分析原因。

项目二十一　稠化酸的配制及性能测定

一、实训目的

(1)掌握缓速酸溶蚀率测定;

(2)了解聚合物缓速剂的工作原理。

二、实训原理

酸化是提高油田增产增注的一种主要方法,主要利用工作液中的酸性物质和地层矿物或堵塞物反应,使地层渗透率恢复或提高。溶蚀率是酸化工作液主要性能之一,溶蚀率的高低决定酸化措施效果,但控制不恰当则会对油层造成伤害,因此酸化工作液溶蚀率的控制就显得尤其重要。

土酸是盐酸和氢氟酸的混合酸,它可以用于砂岩地层的酸化,此时土酸中的氢氟酸和砂岩反应生成可溶于残酸的物质,从而使地层渗透率提高。它还可以和堵塞地层的黏土发生反应恢复地层渗透率。酸化过程中有时通过添加化学剂来改变酸液的反应速度,使酸化距离增大,提高酸化效果,常用的缓速酸有聚合物和表面活性剂。本实训选用聚合物 CMC 作为缓速剂。

溶蚀率的计算是利用反应前后砂岩的质量变化来进行计算的,计算公式如下:

$$\eta = \frac{m_1 - m_2}{m_1} \times 100\%$$

式中　　η——岩样溶蚀率,%;

　　m_1——试验前岩样质量,g;

　　m_2——试验后岩样质量,g。

聚合物能降低酸性物质和地层矿物或堵塞物反应速度,表现为溶蚀率变小,利于造长缝。

三、实训仪器及药品

1.实训仪器

量筒;塑料烧杯;恒温水浴或者同类等效产品;恒温鼓风干燥箱或者同类等效产品;分析天平(0.001 g);漏斗及滤纸。

2.实训药品

盐酸(分析纯);氢氟酸(分析纯);岩屑羧甲基纤维素钠(分析纯)。

四、实训步骤

1.岩样准备(教师提前准备)

取一定量的干燥岩屑,粉碎后过试验筛(40 目),直至通过筛的岩心量大于所取量的 80%,

将过筛的岩样混匀并用 10％盐酸进行反应直至无气泡产生,过滤后反复用蒸馏水冲洗(确保无 HCl 残留),烘箱烘干至恒重,取出放入干燥器中冷却待用。

2.常规土酸的配制

根据常规土酸的组成,配制 500 mL 常规土酸,在 5 个塑料烧杯平均分成 5 份。

3.缓速酸的配制

在上述 5 份土酸中分别加入 0 g,0.1 g,0.2 g,0.3 g,0.4 g CMC,充分搅拌溶解,放置 4 h(学生提前配置)。

4.岩样溶蚀率的测定

(1)分别称取 5 份 0.5 g 岩样(称准至 0.001 g),编号并记录在表 21-1 中。

(2)依次将岩样放入对应酸液杯中,记录放入时间。快速搅拌至岩样全部被酸液润湿。将塑料烧杯入 70℃水浴中。

(3)反应 1 h 后,取出塑料烧杯,过滤,用自来水冲洗,直至滤液呈中性(滤纸干燥、恒重、编号称量质量)。

(4)把残样连同滤纸放入干燥箱于(105±1)℃干燥,称重,记录并计算岩样溶蚀率。

五、实训数据记录与处理

(1)实验数据记录与处理(见表 21-1)。

表 21-1　数据记录

缓速剂加量/g		0	0.1	0.2	0.3	0.4
岩样质量/g	反应前					
	反应后					
溶蚀率/(％)						

(2)作图分析缓速剂加量对酸液溶蚀率的影响。

六、思考题

(1)岩样为什么要用 HCl 进行预处理?

(2)通过数据分析,稠化剂在稠化酸中起什么作用? 其加量与溶蚀率有什么关系? 试分析原因。

项目二十二　缓蚀剂缓蚀性能测定

一、实训目的

掌握缓蚀剂缓蚀性能评价方法。

二、实训原理

油井酸化工艺是油井增产措施之一，酸液的注入会给地面钢铁设备和井下油管造成腐蚀，为了防止或减缓这种腐蚀，可以在酸液中加入缓蚀剂。

缓蚀剂是能减缓酸化过程中酸对与其接触的钻杆、油管和任何其他金属的腐蚀的化学物质。按其缓蚀机理，缓蚀剂可分为阳极型和阴极型。阳极型缓蚀剂的作用机理是通过缓蚀剂与金属表面共用电子对，由此而建立的化学键能中止该区域金属的氧化反应。阴极型缓蚀剂主要通过静电引力作用，使其吸附在阴极区上，形成一层保护膜，避免酸液对金属的腐蚀。多数缓蚀剂同时兼有上述两种作用，通过控制电池的正负极反应达到缓蚀目的。还有一类有机缓蚀剂通过成膜作用，隔离或减少酸液与金属的接触面积而抑制腐蚀。作为良好的有机缓蚀剂应具有一定的相对分子质量，以达到吸附的稳定性和膜的强度。

为了定量地表示缓蚀剂的缓蚀作用，可以测定钢铁在加与不加缓蚀剂的介质中的腐蚀速度，测定腐蚀速度目前有静态挂片失重法和动态挂片失重法两种常用方法。本实训按照中华人民共和国石油天然气行业标准 SY/T5405—1996《酸化用缓蚀剂性能实验方法及评价指标》中推荐的做法。其测定腐蚀速度的方法为静态挂片失重法。其原理是将一已知质量并已知表面积的试片放入腐蚀酸液，并放到容器中加热（试验温度与井下温度相一致），经过一定时间，再称它的质量，由腐蚀前后试片的重量变化计算腐蚀速度；按相同做法将试片浸泡于加有受评价缓蚀剂的酸液中，测出腐蚀速度，试片在不加与加缓蚀剂的介质中的两个腐蚀速度按公式计算出缓蚀率。

本项目选择甲醛作为缓蚀剂。

三、实训仪器及药品

1. 实训仪器

分析天平（感量 0.1 mg）；恒温水浴；游标卡尺；玻璃烧杯；塑料烧杯；玻璃棒；塑料量具；干燥器；N_{80} 钢片（长×宽×高＝50 mm×10 mm×3 mm）；棉线；砂纸。

2. 实训药品

盐酸（分析纯）；氢氟酸（分析纯）；石油醚（化学纯）；甲醛（分析纯）；丙酮（化学纯）；无水乙醇（化学纯）。

四、实训步骤

1. 试片的准备

(1)取 5 片已制备好的试片(用砂纸仔细打磨干净)编号,用游标卡尺测量其尺寸(十字交叉法、分段法等),量其几何尺寸,并记录于表 22-1 中。

(2)将试片放入乙醚洗去油污,用镊子取出放在表面皿中,冷风吹干,用分析天平称出其重量,并记录。

2. 酸液的准备

根据每平方厘米试片表面积酸液用量 20 cm³ 配制土酸。

根据测定要求,计算配制一定体积、一定浓度的土酸所需的浓盐酸、浓氢氟酸及蒸馏水用量。配制时需用塑料容器,按先蒸馏水,后浓盐酸,再浓氢氟酸的顺序缓慢、搅拌加入,配好后搅拌混匀。

(1)浓盐酸体积计算公式:

$$V_1 = \frac{V'\rho'w'}{\rho_1 W_1}$$

式中　　V_1 —— 所配土酸中浓盐酸体积,cm³;

　　　　ρ_1 —— 所配土酸密度,g/cm³;

　　　　W_1 —— 浓盐酸浓度,%。

(2)浓氢氟酸体积计算公式:

$$V_2 = \frac{V'\rho'W'}{\rho_2 W_2}$$

式中　　V_2 —— 所配土酸中浓氢氟酸体积,cm³;

　　　　ρ_2 —— 浓氢氟酸密度,g/cm³;

　　　　W_2 —— 浓氢氟酸浓度,%。

(3)蒸馏水体积计算公式:

$$V'_{水} = (V'\rho' - V_1\rho_1 - V_2\rho_2)/\rho_水$$

式中,$V'_水$ 为所配土酸中蒸馏水体积,cm³。

3. 缓蚀性能测定

(1)在塑料容器中按照试片面积量取 5 份配制好的酸液,分别加入缓蚀剂,使其浓度为 0、0.5%、1.0%、1.5%、2.0%,搅拌均匀。

(2)将准备好的挂片分别放入测试液中,上端用棉线悬挂在瓶口,注意不能让挂片贴在瓶壁上,盖上瓶塞,将塑料容器放入恒温水浴,升温至所需测定温度,观察现象。

(3)反应 2 h 后,取出试片,立即用水冲洗,放在干净的滤纸上,最后用丙酮、无水乙醇逐片洗净,冷风吹干,放在干燥器内干燥 20 min。

(4)在分析天平上称量挂片的质量,记录数据。

(5)计算腐蚀速度和缓蚀率。

1)腐蚀速度计算公式:

$$v_1 = \frac{10^6 \Delta m_i}{A_i \Delta t}$$

式中 v_i—— 单片腐蚀速率,$g/(m^2 \cdot h)$;

    Δt—— 反应时间,h;

    Δm_i—— 试片腐蚀失量,g;

    A_t—— 试片表面积,mm^2。

2)缓蚀率计算公式:

$$\eta = \frac{v_0 - v}{v_0} \times 100\%$$

式中 η—— 缓蚀率,%;

    v_0—— 未加缓蚀剂的腐蚀速率,$g/(m^2 \cdot h)$;

    v—— 加有缓蚀剂的腐蚀速率,$g/(m^2 \cdot h)$。

五、实训数据记录和处理

(1)试片数据(见表 22-1)。

表 22-1   数据记录

序 号		长/cm	宽/cm	高/cm	表面积/cm^2	质量/g
1	反应前					
	反应后					
2	反应前					
	反应后					
3	反应前					
	反应后					
4	反应前					
	反应后					
5	反应前					
	反应后					

(2)土酸的配制。

土酸总量:_____;浓盐酸体积:_____;浓氢氟酸体积:_____。

(3)根据以上数据计算腐蚀速度和缓蚀率(见表 22-2)。

表 22-2   数据处理

序号	腐蚀速度/[g·($m^2 \cdot h$)$^{-1}$]	缓蚀率/(%)
1		
2		
3		
4		
5		

六、思考题

(1)解释甲醛的缓蚀机理,结合实训结果讨论其作为缓蚀剂的优缺点。

(2)说明试片的光洁度对腐蚀速度有何影响?

项目二十三　冻胶型调剖剂制备与性能评价

一、实训目的

(1)了解铬冻胶型调剖剂的制备方法；

(2)掌握聚合物浓度、pH 值、交联剂浓度、温度对铬冻胶性能的影响。

二、实训原理

油田开发进入中晚期后,由于油层的非均质性或因为开采方式不当,使注入水及边水沿高渗透层及高渗透区不均匀地推进,致使油井过早出水,直至水淹,目前常采用油井堵水或注水井调剖的方法来治理它。

对出水油井采取措施后,虽然可以降低含水量,但有效期短,仅单井受益。对注水井进行选择性封堵高渗透层大孔道的方法来调整和改善吸水剖面,即注水井调剖,是使水线较均匀地推进,防止油井过早水淹,降低原油含水,增加水驱油的面积,减少死油区,提高油层采收率较好方法。

目前行之有效的方法都是使用化学剂调剖,即通过化学手段调整吸水剖面,这类化学剂品种多,发展快,效果显著。而冻胶类调剖剂是目前国内外使用最多、应用最广的一类堵剂,它是由聚合物溶液和适当的交联剂形成的具有空间网状结构的物质。

冻胶类调剖剂使用的聚合物包括合成聚合物、天然改性聚合物、生物聚合物等,它们的共同特点是溶于水,在水中有优良的增黏性,线性大分子链上都有极性基团,能与多价金属离子或有机基团反应,生成体型交联产物(冻胶),形成冻胶后,黏度大幅度增加,丧失流动性。交联剂可用高价金属离子形成的多核羟桥络离子或低分子醛类化合物等。目前大量使用的冻胶型调剖体系都是以部分水解聚丙烯酰胺(HPAM)为主剂,以 Cr^{3+}、Al^{3+}、酚醛树脂、苯酚以及间苯二酚等为交联剂的体系。

本实训以 HPAM/Cr^{3+} 冻胶型调剖剂为对象,HPAM 分子中含有—COO^-,可以被 Cr^{3+} 交联,使线形高分子间发生交联,形成网络结构,将液体(如水)包在其中,从而使高分子溶液失去流动性,即转变为冻胶(铬冻胶)。聚合物加量、交联剂浓度和地层温度都导致冻胶的成冻时间和冻胶强度不同。对于某特定地层调剖,我们希望冻胶体系具有良好的注入性、成胶性和抗剪切性,成胶时间可调,成胶后性能稳定。

三、实训仪器及药品

1. 实训仪器

恒温水浴箱；电子天平(0.001 g)；烧杯；玻璃棒；精密 pH 试纸。

2. 实训药品

HPAM(工业品)、$K_2Cr_2O_7$(分析纯)、$Na_2S_2O_3$(分析纯)、HCl(分析纯)、NaOH(分析纯)。

四、实训步骤

1.0.5%HPAM 溶液的配制

量取 500 mL 蒸馏水,称取 2.5 g HPAM,搅拌使其充分溶解,备用(建议学生按实训需要提前 6 h 联系教师完成该操作)。

2. 交联剂浓度的影响

1)量取 100 mL 0.5% 的 HPAM 溶液,加入 $K_2Cr_2O_7$ 和 $Na_2S_2O_3$ 各 0.5 g,用玻璃棒充分搅拌均匀,然后放入温度为 60℃ 的水浴锅中,测定冻胶成冻时间和冻胶的强度(用玻璃棒挑起程度衡量)并记录在表 23-1 中。

2)再量取 100 mL 0.5% 的 HPAM 溶液三份,分别加入 $K_2Cr_2O_7$ 和 $Na_2S_2O_3$ 各 0.1 g,0.3 g,0.7 g,搅拌均匀后放入温度为 60℃ 的水浴锅中,测定并记录。

3. 聚合物浓度的影响

1) 量取 100 mL 0.5% 的 HPAM 溶液,加入蒸馏水使其浓度降为 0.2%,加入 $K_2Cr_2O_7$ 和 $Na_2S_2O_3$ 各 0.5 g,用玻璃棒充分搅拌均匀,然后放入温度为 60℃ 的水浴箱中,测定冻胶成冻时间和冻胶的强度并记录在表 23-2 中。

2)量取 100 mL 0.5% 的 HPAM 溶液,加入蒸馏水使其浓度分别为 0.4% 和 0.3%,然后分别加入 $K_2Cr_2O_7$ 和 $Na_2S_2O_3$ 各 0.5 g,搅拌均匀后放入温度为 60℃ 的水浴锅中,测定并记录。

4. pH 值的影响

1)量取 100 mL 0.5% 的 HPAM 溶液,用 20% Na_2CO_3,溶液调节 pH 值为 10,加入 $K_2Cr_2O_7$ 和 $Na_2S_2O_3$ 各 0.5 g,用玻璃棒充分搅拌均匀,然后放入温度为 60℃ 的水浴箱中,测定冻胶成冻时间和冻胶的强度并记录在表 23-3 中。

2)量取 100 mL 0.5% 的 HPAM 溶液,用 10%HCl 溶液依次调节 pH 值为 3 和 5,然后分别加入 $K_2Cr_2O_7$ 和 $Na_2S_2O_3$ 各 0.5 g,搅拌均匀后放入温度为 60℃ 的水浴锅中,测定并记录。

5. 温度的影响

分别量取 100 mL 0.5% 的 HPAM 溶液,依次加入 $K_2Cr_2O_7$ 和 $Na_2S_2O_3$ 各 0.5 g,用玻璃棒充分搅拌均匀,然后放入温度为 40℃ 和 80℃ 的水浴箱中,测定冻胶成冻时间和冻胶的强度并记录在表 23-4 中。

五、实训数据记录与处理

(1)交联剂浓度的影响(见表 23-1)。

表 23-1 数据记录

交联剂加量/(%)	0.1	0.3	0.5	0.7
成冻时间/min				
冻胶强度(以挑挂程度计)				

(2)聚合物浓度的影响(见表23-2)。

表 23-2 数据记录

聚合物加量/(%)	0.2	0.3	0.4	0.5
成冻时间/min				
冻胶强度 (以挑挂程度计)				

(3)pH 的影响(见表23-3)。

表 23-3 数据记录

聚合物加量/(%)	3	5	7	10
成冻时间/min				
冻胶强度 (以挑挂程度计)				

(4)温度的影响(见表23-4)。

表 23-4 数据记录

温度/℃	40	60	80
成冻时间/min			
冻胶强度 (以挑挂程度计)			

六、思考题

(1)从实训结果分析聚合物加量、交联剂加量对冻胶性能的影响。

(2)解释 pH 值和温度对冻胶生成的影响。

项目二十四　硅酸凝胶制备及性能评价

一、实训目的

(1)了解硅酸凝胶调剖剂的制备方法;

(2)掌握硅酸用量、活化剂用量和类型、体系温度对成凝时间的影响。

二、实训原理

凝胶是固态或半固态的胶体体系,由胶体颗粒、高分子或表面活性剂分子互相连接形成的空间网状结构,结构空隙中充满了液体,液体被包在其中固定不动,使体系失去流动性,其性质介于固体和液体之间。凝胶是由溶胶转变而来。当溶胶由于种种原因(如电解质加入引起溶胶粒子部分失去稳定性而产生有限度聚结)形成网络结构,将液体包在其中,从而使整个体系失去流动性时,即转变为凝胶。

油田堵水中常用的是硅酸凝胶。硅酸凝胶由硅酸溶胶转化而来,硅酸溶胶由水玻璃(又名硅酸钠,分子式 $Na_2O \cdot mSO_2$)与活化剂反应生成。活化剂是指可使水玻璃先变成溶胶而随后又变成凝胶的物质。盐酸是常用的活化剂,它与水玻璃的反应如下:

$$Na_2O \cdot mSiO_2 + 2HCl \longrightarrow H_2O \cdot mSiO_2 + 2NaCl$$

由于制备方法不同,可得两种硅酸溶胶,即酸性硅酸溶胶和碱性硅酸溶胶。这两种硅酸溶胶都可在一定的条件(如温度、pH 值和硅酸含量)下,先形成单硅胶,在一定时间后缩合成多硅胶(形成空间网状结构,其结构的空隙中充满了液体,成凝胶状),主要靠这种凝胶物封堵油层出水部位或出水层。

硅酸凝胶的优点在于价廉且能处理井径周围半径 1.5~3.0 m 的地层,能进入地层小空隙,在高温下稳定;其缺点是硅酸凝胶微溶于流动的水中,强度慢慢降低。故评价硅酸凝胶堵水剂常用两个指标:胶凝时间和凝胶强度。本实训中以硅酸体系自反应开始计时直至其失去流动性的时间判定为胶凝时间;而胶凝后用玻璃棒插入凝胶,从玻璃棒插入的难易程度定性判断凝胶强度的顺序。

三、药品和仪器

2.实训药品

硅酸钠(分析纯);盐酸(分析纯);HCl(分析纯);硫酸铵(分析纯);乙酸(分析纯)。

1.实训仪器

锥形瓶(废矿泉水瓶);恒温水浴锅;量筒;电子天平(0.001 g);烧杯。

四、实训步骤

1. 硅酸含量的影响

在四个锥形瓶中分别量取 20 mL 10％的盐酸溶液,再加 10％的水玻璃 40 mL,30 mL, 20 mL,10 mL,放入 70℃的水浴锅中,恒温,测出胶凝时间,并给凝胶强度排序。

2. 活化剂用量的影响

在四个锥形瓶中分别量取 10％的盐酸溶液 20 mL,15 mL,10 mL,5 mL,再加 10％的水玻璃 20 mL,放入 70℃的水浴箱中,恒温,测出胶凝时间,并给凝胶强度排序。

3. 活化剂类型的影响

在四个锥形瓶中分别量取 10％的盐酸溶液 20 mL,10％的硫酸铵溶液 20 mL,10％的乙酸溶液 20 mL,再加 10％的水玻璃 20 mL,放入 70℃的水浴锅中保持恒温,测出胶凝时间,并给凝胶强度排序。

4. 温度的影响

在四个锥形瓶中分别量取 10％的盐酸溶液 20mL,再加 10％的水玻璃 20 mL,放入 90℃, 80℃,60℃的水浴箱中,恒温,测出胶凝时间,并给凝胶强度排序。

五、实训数据记录与处理

将数据记录在对应的表 24-1～表 24-4 中。

(1)硅酸含量的影响(见表 24-1)。

表 24-1 数据记录

硅酸用量/mL	40	30	20	10
成凝时间/min				
凝胶强度顺序				

(2)活化剂用量的影响(见表 24-2)。

表 24-2 数据记录

活化剂用量/mL	20	15	10	5
成凝时间/min				
凝胶强度顺序				

(3)活化剂类型的影响(见表 24-3)。

表 24-3 数据记录

活化剂类型	盐酸	硫酸铵	乙酸
成凝时间/min			
凝胶强度顺序			

(4)温度的影响(见表 24-4)。

表 24 – 4　数据记录

温度/℃	90	80	70	60
成凝时间/min				
凝胶强度顺序				

六、思考题

(1)本实训中步骤 1 制备的四种硅酸凝胶分别是碱性硅酸凝胶还是酸性硅酸凝胶？为什么？

(2)如何提高硅酸凝胶调剖的效果？

项目二十五　防蜡剂性能测定

一、实训目的

（1）掌握原油防蜡剂的评价方法；

（2）掌握原油防蜡装置的操作方法。

二、实训原理

在原油开采和输送过程中，由于温度、压力降低以及轻质组分的逸出，溶解在原油中的蜡便按分子量的大小顺序结晶析出，继而沉淀在管壁、油泵以及其他采油、输油设备上，形成蜡沉积物，这就是结蜡。原油结蜡过程可分为三个阶段，即析蜡阶段、蜡晶长大阶段及蜡沉积阶段。原油结蜡对原油的开采和输送有很大影响，严重时甚至停产、停输，给生产造成重大经济损失。

油田上主要采用的防蜡措施有油管表面改性法、热力法、机械法和化学法，生产中常用化学法减轻结蜡状况。化学法指向原油中加入化学防蜡剂，通过分散作用、共晶作用或吸附作用改变蜡晶的结晶形态，阻碍蜡晶间的聚集，减轻其在设备上的沉积，从而达到防蜡的目的。

化学防蜡有三种类型，即表面活性剂型防蜡剂、稠环芳香烃型防蜡剂和高分子型防蜡剂，其中高分子型防蜡剂用得较多，可以溶于溶剂中加入原油，也可以成型下到井底使用。

由于原油组成不同，各种防蜡剂对不同原油的防蜡效果不同。目前，防蜡剂的防蜡效果与其结构的关系还不太清楚，通常是用实训来确定。一般通过防蜡率表示防蜡剂效果，计算公式如下：

$$f = \frac{m_0 - m}{m_0} \times 100\%$$

式中　f——防蜡率，%；

m_0——不加防蜡剂时蜡沉积质量，g；

g，m——加入防蜡剂后蜡沉积质量，g。

蜡沉积量按下式计算：

$$m = m_A - m_B$$

式中　m——蜡沉积质量，g；

m_A——结蜡管的质量，g；

m_B——结蜡管与蜡沉积物的总质量，g。

三、实训仪器及药品

1. 实训仪器

原油含水分析仪；结蜡装置；恒温鼓风干燥箱；硅胶干燥器。

2.实训药品

煤油(工业品);工业石蜡;含蜡原油;稠环芳香烃防蜡剂(自制或工业品);聚合物型防蜡剂(自制或工业品);石油醚(化学纯);乙醇(化学纯)。

四、实训步骤

1.聚合物型防蜡剂最佳用量的确定

1)将结蜡管或结蜡板依次用石油醚、乙醇、清水洗净,放入烘箱中,在 $100\pm5℃$ 下烘干,放入硅胶干燥器中室温冷却,称量,质量计为 m_A ,安装在结蜡装置上。

2)在油杯中盛入适量被测量油样,加入聚合物型防蜡剂,使其浓度为 0 mg/L,5 mg/L,10 mg/L,15 mg/L,升温至原油析蜡点以上 $10\sim15℃$,10 min 后放入调好温度的恒温槽中。

3)调节低温循环水,使结蜡管达到测试选定温度。停止循环低温水,将结蜡管放入油样中一定深度,恒温 10 min。启动低温循环水并计时。运行 10 min,拿出结蜡管,停止循环水,再取下结蜡管。将结蜡管中的水倒尽,吹干,冷却至室温后称重,质量计为 m_B ,计算防蜡率。

2.不同温度防蜡剂效果评价

加入防蜡剂,使其浓度为 10 mg/L,分别升温至原油析蜡点以上 10℃,15℃,20℃,按照上述方法,考察温度对防蜡剂效果的影响。同时做空白试验。

3.复配防蜡剂效果评价

按照 1 中的方法,固定防蜡剂用量为 10 mg/L,改变两种防蜡剂的比例,使其分别为 1:1,2:1,1:2,升温至原油析蜡点以上 $10\sim15℃$,考察不同配比时防蜡剂的效果。

五、实训数据记录与处理

将数据记录在对应的表 25-1~表 25-2。

(1)聚合物型防蜡剂最佳用量的确定(见表 25-1)。

表 25-1　数据记录

防蜡剂用量/(mg·L^{-1})	m_A	m_B	m_0	m	防蜡率/(%)
0				—	
5			—		
10			—		
15			—		

(2)不同温度防蜡剂效果评价(见表 25-2)。

表 25-2　数据记录

温度/℃	m_A	m_B	m_0	m	防蜡率/(%)
空白				—	
10℃			—		
15℃			—		
20℃			—		

(3)复配防蜡剂效果评价(见表 25-3)。

表 25-3　数据记录

防蜡剂比例	m_A	m_B	m_0	m	防蜡率/(%)
0					—
1:1			—		
2:1			—		
1:2			—		

六、思考题

(1)温度对防蜡剂的效果有没有影响？若有影响,请简单分析。

(2)复配防蜡剂的效果和单一防蜡剂有何不同？简单分析原因。

项目二十六　原油凝点和倾点测定

一、实训目的

（1）了解原油凝点和倾点的测试原理；

（3）掌握原油凝固点测定仪的操作方法。

二、实训原理

原油的凝点，是指在规定的试验条件下，将装有试油的试管冷却并倾斜45°经过1 min后，试油表面不再移动时的最高温度。

由于原油是由多种烃类组成的复杂混合物，因而其凝点不像单体物质一样具有一定凝点。一方面，原油随着温度的降低而黏度增大，当黏度增大到一定程度时，油品便丧失流动性；另一方面，原油中的石蜡在冷却过程中发生结晶引起油品凝固，从而丧失流动性，通常所指的油品凝点只是指原油丧失流动性时的近似最高温度。其实，所谓原油的凝固，只不过是由于温度的下降，原油黏度增大，石蜡形成"结晶网络"把液体油品包围在其中，以致原油失去流动性。

原油凝点高低主要和馏分的轻重、化学组成有关。一般来说，馏分轻则凝点低，馏分重则凝点高。石蜡基原油的直馏重油凝点较高；正构烷烃的凝点随链长度的增加而升高；异构烷的凝点比正构烷要低；不饱和烃的凝点比饱和烃的低。

原油凝点的测定，对于含蜡油品来说，凝点可以作为估计石蜡含量的间接指标，原油中含蜡越多，则凝点越高。在生产上，凝点表示原油的脱蜡程度，以便指导生产。凝点还用以表示一些原油的牌号，如冷冻机油、变压器油、轻柴油等油品。在不同气温地区和机器使用条件中，凝点可作为低温选用油品的依据，保证油品正常输送，机器正常运转。凝点在原油贮运中也有实际意义。根据气温及油品的凝点，能够正确判断原油是否凝固，以便采取相应的措施，保证原油正常装卸和输送。凝点测定在生产和应用上具有重要意义。

三、实训仪器及药品

原油凝固点倾点测定仪、原油。

四、实训步骤

（1）如图26-1所示，将试样倒入试管至刻度线处，黏稠试样可在水浴中加热至流动后，倒入试管内。

（2）用插有温度计的软木塞塞住试管，调整木塞和温度计的位置，使温度计和试管在同一轴线上，并使温度计的毛细管起点位置浸在试样液面以下3 mm处。

（3）将试样加热至45℃，然后将试管放入套管内，套管装在冷浴中并保持垂直。套管露出冷却介质液面不大于 25 mm。

(4)试样经过冷却,形成石蜡结晶,不能搅动试样,也不能移动温度计,对石蜡结晶的海绵网有任何扰动都会导致结果不真实。

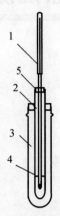

图 26-1　油品凝点、倾点测定器

1—温度计；　2—试管；　3—套管；　4—环状刻线；　5—胶塞

(5)试验从高于预期倾点 9℃开始,每降 3℃,小心地把试管从套管中取出,倾斜试管,观察试管内试样是否流动。取出试管到放回试管的全部操作,要求不得超过 3 s。

(6)试样温度在 9℃以上,冷浴温度保持在 -1~2℃;如果温度已降到 9℃,试样仍能流动,则需将试管移至第二个冷浴(-18~-15℃)的套管中。测定倾点极低的样品,需附加冷浴,每个冷浴的温度比前一个浴的温度低 17℃,每当试样温度达到高于新浴 27℃时,就要更换冷浴。

(7)当倾斜试管,发现试样不流动时,立即将试管放成水平位置,仔细观察试样的表面,如果试样在 5 s 内还有流动,则立即将试管放回套管,待再降低 3℃时,重复进行流动实训。

(8)按以上步骤继续实训,直到试管保持水平位置 5 s 而试样无流动,记录观察到的实训温度计读数。

(9)按(8)中记录的温度加 3℃,作为试样倾点结果。

五、实训数据记录与处理(见表 26-1)

表 26-1　数据处理

序　号	凝点/℃	倾点/℃
1		
2		
3		
平均值		

六、思考题

在测定未知原油凝点和倾点时,应该从哪些细节方面来提高测量精度?

项目二十七　聚合物驱筛网系数测定

一、实训目的

掌握聚合物驱筛网系数的测定方法。

二、实训原理

在注水井注入流体中加入一定量的水溶性聚合物以显著增加驱替流体的黏度,提高波及系数,最终达到提高采收率的目的。部分水解聚丙烯酰胺是三采中最为常用的水溶性聚合物。筛网系数和阻力系数对于驱油用聚合物性能评价是聚合物筛选中非常主要的环节。

聚合物溶液流经多孔介质时,除了受到简单剪切作用外,由于聚合物分子在流场中受到拉伸或自身形变,将会出现黏弹性。在这种方式中,除简单剪切中测得的黏度外,对这种溶液穿过多孔介质的流动可产生附加的流动阻力。通过对聚合物溶液在多孔介质中流动时阻力特性的测定就可反映溶液在复杂流动中的黏弹性。筛网黏度计(见图 27-1)可以测定这种流动特性,其结果通常用筛网系数或孔隙系数表示。

筛网系数是指在相同条件下聚合物溶液流经孔隙黏度计的时间与溶剂流经时间的比值。即

$$SF = \frac{t_p}{t_s}$$

式中　t_p——溶液流经时间,s;

　　　t_s——溶剂流经时间,s。

三、实训仪器及药品

1. 实训仪器

移液管;筛网黏度计;超级恒温水浴或者同类等效产品;注射器;电吹风。

2. 实训药品

聚丙烯酰胺(工业品);蒸馏水;氯化钙(分析纯);异丙醇(分析纯);漂白粉。

四、实训内容

1. 聚合物溶液浓度对筛网系数的影响

实训仪器如图 2-6 所示。

(1)将筛网黏度计固定在恒温水槽中的支架上,恒温水浴温度升到(30±0.01)℃(也可在室温下测定)。吸取溶剂 20 mL 经注液管 7 注入贮液球 8,使之恒温。恒温15 min后即行测定溶剂流经上、下刻度(2,4)时间 t_s。测量三次取算术平均值。

(2)吸取浓度 600 mg/L 的聚合物溶液 10 mL 经 7 管加入贮液球中,恒温 15 min(若先将溶剂、聚合物溶液置于恒温浴中可缩短恒温时间)。先夹住支管上的乳胶管,然后用注射器缓慢抽吸(注意:用力一定要均匀)溶液至顶球一半处,注意排除测定管中的气泡。释放支管上夹子,测定液体流经上、下刻度(2,4)的时间,取三次测定结果的算术平均值作为 t。

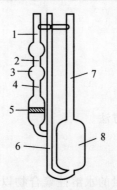

图 27-1　筛网黏度计

1—测定管;　2—上刻度;　3—测量球;　4—下刻度;　5—熔结玻璃多孔滤板;

6—支管;　7—注液管;　8—贮液球

(3)往贮液球中直接加入蒸馏水 5 mL,夹住支管,在测定管中反复三次缓慢抽吸聚合物溶液经过多孔滤板,然后进一步使在贮液球中溶液浓度均匀,并静置至整个溶液体系气泡消失。然后重复(2)测得 t 值。

(4)往贮液球内加入蒸馏水 5 mL,重复(3),(2)测得 t 值。

(5)再往贮液球内加入蒸馏水 10 mL,重复(3),(2)测得 t 值。

2.溶液盐度对筛网系数的影响

(1)另取一支筛网黏度计。吸取 20 mL 溶剂按 1.(1)测定溶剂流经上下刻度时间 t_s。然后再吸取 10 mL 600 mg/L 聚合物溶液按 1.(2)测定其流经时间 t。

(2)往贮液球内加入 4%NaCl+0.04%CaCl$_2$ 的 600 mg/L 聚合物溶液 10 mL。用注射器缓慢地反复抽吸聚合物溶液三次(经多孔滤板)。静置至溶液浓度均匀,气泡消失,然后夹住支管上的乳胶管,用注射器缓慢抽吸(用力一定要均匀)溶液至顶球一半处,注意排除测定管中的气泡。释放支管上夹子,然后测定流经(2,4)刻度的时间。取三次测定结果的算术平均值作为 t。

(3)往贮液球中又加入 10 mL 4%NaCl+0.04%CaCl$_2$+600 mg/L 聚合物溶液。按2.(2)测定流经时间。

(4)再往贮液球内加入 10 mL 4%NaCl+0.04%CaCl$_2$+600 mg/L 聚合物溶液。按2.(2)测定流经时间。

五、数据处理

(1)列表算出筛网系数 SF。

(2)绘出筛网系数-聚合物溶液浓度关系曲线。

(3)绘出筛网系数-聚合物溶液盐度关系曲线。

六、思考题

(1)结合实训数据分析盐对聚丙烯酰胺筛网系数有何影响？为什么？

(2)聚丙烯酰胺在一较高的剪切速率下剪切一定时间后,预计其筛网系数将如何变化？这种变化是由什么原因引起的？

七、备注

1.筛网黏度计的清洗

实训完后,从恒温浴中取出黏度计,倾出聚合物溶液,用水冲洗干净。将洗涤液倒入黏度计中,用注射器抽吸洗涤液至两测量球以上,再倒满黏度计。浸泡 10 h 以上,然后倾倒出洗涤液,用自来水冲洗干净,并用经 4# 玻砂漏斗过滤的蒸馏水冲洗两次。为缩短烘干时间,可用化学纯酒精或丙酮少许清洗,并放入电热烘箱(105±5)℃下烘干即可使用。若经检查后,还未清洗干净,可用 3‰漂白粉溶液浸泡 3～4 min。

2.聚丙烯酰胺溶液配制

粉状聚合物经干燥至恒重后,在缓慢搅拌下添加聚合物于溶液面上配 600 mg/L 的聚合物溶液。充分水化后用 G2 或 G3 玻砂漏斗过滤,以免堵塞黏度计。通常可加入 2%异丙醇以稳定黏度。最好使用棕色瓶贮存。

第三篇　集输化学篇

项目二十八　油田污水碳酸根、碳酸氢根、氢氧根离子的测定

一、实训目的

(1)掌握酸碱滴定的原理,进一步熟悉滴定终点操作和终点的判断;

(2)掌握双指示剂法测定水中碳酸根、碳酸氢根、氢氧根离子含量的原理和方法;

(3)掌握水中离子类型的判断及计算方法。

二、实训原理

油气田水中常含有碳酸根、碳酸氢根、氢氧根离子,三种离子不能共存,一般采用酸碱滴定的方法进行测定,测定时采用双指示剂法,根据消耗的盐酸体积判断离子类型,再根据相应的反应方程式计算其含量。

测定时,先加入酚酞指示剂,以 HCl 标准溶液滴定至无色,此时溶液中 OH^- 完全被中和,CO_3^{2-} 仅被中和成 HCO_3^-,反应方程式为

$$OH^- + H^+ \Longrightarrow H_2O$$
$$CO_3^{2-} + H^+ \Longrightarrow HCO_3^-$$

此时所消耗盐酸溶液的体积为 V_1。

然后再加入甲基橙指示剂,继续滴定至溶液由黄色变为橙色,此时溶液中的 HCO_3^- 被完全中和,反应方程式为

$$HCO_3^- + H^+ \Longrightarrow CO_2 \uparrow + H_2O$$

此时所消耗盐酸溶液的体积为 V_2。

根据 V_1 和 V_2 的大小关系即可判断水中离子组成,当 $V_1 = 0$ 时,水中只有 HCO_3^-;当 $V_2 = 0$ 时,水中只有 OH^-;当 $V_1 = V_2$ 时,水中只有 CO_3^{2-};当 $V_1 > V_2$ 时,水中有 CO_3^{2-} 和 OH^-;当 $V_1 < V_2$ 时,水中有 CO_3^{2-} 和 HCO_3^-;根据相应的化学反应方程式即可计算水中各种离子含量。

三、实训仪器与试剂

1. 实训仪器

酸式滴定管;移液管;锥形瓶;电子天平。

2.实训试剂

盐酸标准溶液;甲基橙指示剂;酚酞指示剂;溴甲酚绿-甲基红指示剂。

四、实训步骤

1.0.02 mol/L 盐酸标准溶液的配制与标定

参考附录2,配制 0.02 mol/L 的盐酸标准溶液 250 mL,并标定,待用。

2.碳酸根、碳酸氢根、氢氧根离子含量的测定

用大肚移液管取 25.00 mL 刚开瓶塞的水样于锥形瓶中,加 2~3 滴酚酞指示剂。若水样出现红色,则用盐酸标准溶液滴至红色刚消失,所消耗的盐酸标准溶液的体积(mL)记作 V_1。再加 3~4 滴甲基橙指示剂,水样呈黄色,继续用盐酸标准溶液滴定至橙色,此时消耗的盐酸标准溶液体积(mL)记作 V_2。

若加酚酞指示剂后水样呈无色,则 $V_1=0$;加 3~4 滴甲基橙指示剂,水样呈黄色,继续用盐酸标准溶液滴定至橙色,此时消耗的盐酸标准溶液体积(mL)记作 V_2。

根据 V_1 和 V_2 的大小关系判断水中离子组成,再根据相应的化学反应方程式计算水中各种离子含量。

注意:

(1)第一个终点判断要准确,不能过量,否则会造成第一个终点时盐酸体积偏大,第二个终点时盐酸体积偏小;

(2)测定时,第二个指示剂应与盐酸标定时的指示剂一致。

五、实训数据的记录与处理

1.数据记录(见表 28-1)

表 28-1 数据记录

(单位:mL)

样品号		1	2	3
V 水样体积				
酚酞指示剂	HCl 初读数			
	HCl 终读数			
	V_1(HCl)			
	V_1 平均值			
甲基橙指示剂	HCl 初读数			
	HCl 终读数			
	V_2(HCl)			
	V_2 平均值			

2.水中离子类型及结果(见表 28-2)

表 28-2 离子类型及结果

	碳酸根	碳酸氢根	氢氧根
含量/$(mg \cdot L^{-1})$			

六、思考题

(1)盐酸标准溶液若不标定,会对结果产生怎样的影响?

(2)溴甲酚绿-甲基红混合指示剂能否换成甲基橙指示剂?对结果有怎样的影响?

(3)若用酚酞指示剂时滴定过量,对结果有怎样的影响?

项目二十九　油田污水中硫酸根离子含量的测定

一、实训目的

(1)掌握硫酸根离子测定的方法和原理;

(2)掌握络合滴定原理和终点的判断。

二、实训原理

水中硫酸根离子的测定方法有两种。

第一种方法是重量法,在酸性溶液中,加入钡离子,使其生成硫酸钡沉淀,经过滤、洗涤、碳化、灼烧至恒重,根据硫酸钡的重量即可计算硫酸根离子含量。这种方法适合硫酸根离子含量为 40~5 000 mg/L 水样的测定。

第二种方法是 EDTA 钡容量法,在 pH 值为 3~5 的溶液中,加入过量的氯化钡,使硫酸根与钡离子生成硫酸钡沉淀,剩余的钡离子在 pH 值为 10 的条件下用 EDTA 标准溶液滴定,此时过量的钡离子及原水样中的钙、镁离子同时被 EDTA 标准溶液滴定。这种方法适合硫酸根离子含量大于 10 mg/L 水样的测定。

本实训采用钡容量法测定水样中硫酸根离子含量。

三、实训仪器与试剂

氯化钡(分析纯);氯化镁(分析纯);EDTA;盐酸溶液(5%);氨水-氯化铵缓冲溶液;铬黑 T 指示剂;甲基红指示剂。

四、实训步骤

1.溶液准备

(1)EDTA 标准溶液的配制和标定。

参考附录 2 配制 0.01 mol/L 的 EDTA 标准溶液 250 mL,并标定,待用。

(2)钙镁离子混合标准溶液 的配制。

参考附录 2 配制钙镁离子混合标准溶液 200 mL,待用。

(3)氨水-氯化铵缓冲溶液。

参考附录 4 配制 pH=10 的氨水-氯化铵缓冲溶液 200 mL,待用。

2.硫酸根离子含量的测定

(1)用大肚移液管取 25.00 mL 水样于锥形瓶中,加水使总体积为 50 mL。加 1 滴甲基红指示剂,滴加盐酸溶液至溶液呈红色,再加 1~2 滴。将试样煮沸,趁热加入 10.00 mL 钡、镁离子混合标准溶液,边加边摇动锥形瓶。将试液再次煮沸,并在近沸的温度下保持 1 h,取下静置、冷却。

加 10 mL 氨水-氯化铵缓冲溶液,加 3～4 滴铬黑 T 指示剂。用 EDTA 标准滴定溶液滴至纯蓝色为终点,读取 EDTA 标准溶液消耗量,记作 V_1。

(2)用大肚移液管取 50 mL 蒸馏水于锥形瓶中,依次取 10.00 mL 钡、镁离子混合标准溶液,10 mL 氨水-氯化铵缓冲溶液和 3～4 滴铬黑 T 指示剂。用 EDTA 标准溶液滴至纯蓝色为终点,读取 EDTA 标准溶液消耗量,记作 V_2。

(3)用大肚移液管取与(1)同体积水样于锥形瓶中,加水使总体积为 50 mL,加 10 mL 氨水-氯化铵缓冲溶液和 3～4 滴铬黑 T 指示剂,用 EDTA 标准溶液滴至纯蓝色为终点,读取 EDTA标准溶液消耗量,记作 V_3。

平行实训三次。

五、数据的记录与处理

(1)数据记录(见表 29-1)。

表 29-1　数据记录

项目编号		1	2	3
V_1/mL	$V_{初读}/\text{mL}$			
	$V_{终读}/\text{mL}$			
	$V_{消耗体积}/\text{mL}$			
	$V_{平均}/\text{mL}$			
V_2/mL	$V_{初读}/\text{mL}$			
	$V_{终读}/\text{mL}$			
	$V_{消耗体积}/\text{mL}$			
	$V_{平均}/\text{mL}$			
V_3/mL	$V_{初读}/\text{mL}$			
	$V_{终读}/\text{mL}$			
	$V_{消耗体积}/\text{mL}$			
	$V_{平均}/\text{mL}$			
$\rho_{\text{SO}_4^{2-}}/(\text{mg}\cdot\text{L}^{-1})$				
相对平均偏差/(%)				

(2)硫酸根离子含量计算公式为

$$\rho_{\text{SO}_4^{2-}}\ (\text{mg/L}) = \frac{c_{标}\left[(V_2+V_3)-V_1\right]\times 96.06}{V}\times 10^3$$

式中　$c_{标}$——EDTA 标准溶液的浓度,mol/L;

　　V_1——测剩余钡及原水样中钙、镁离子合量时,EDTA 标准溶液的消耗量,mL;

　　V_2——测钡、镁离子混合标准溶液时,EDTA 标准溶液的消耗量,mL;

V_3——测原水样中钙、镁离子合量时,EDTA 标准溶液的消耗量,mL;

V——水样的体积,mL;

96.06——与 1.00 mL EDTA 标准溶液($c_{EDTA}=1.000$ mol/L)完全反应所需要的硫酸根离子的质量,mg。

六、思考题

EDTA 标准溶液需要标定吗？如何标定？若不标定,会对结果造成什么影响？

项目三十　油田污水中铁离子含量的测定

一、实训目的

(1)进一步掌握分光光度计的使用方法；

(2)掌握标准溶液的配制和标准曲线的绘制方法；

(3)熟悉并掌握磺基水杨酸法测定水中铁离子含量的方法和原理。

二、实训原理

油气田水中含有二价铁离子和三价铁离子，室内采用磺基水杨酸法，野外采用硫氰酸盐法。

在 pH＝1.8～2.5 的酸性介质中，三价铁离子与磺基水杨酸反应生成紫色络合物，其颜色深度与三价铁离子的含量成正比，从而测定水中三价铁离子含量。若要测总铁含量，可以用高锰酸钾或双氧水将水样中的二价铁离子氧化成三价铁离子，再按相同方法测定可得总铁含量，进而可得二价铁离子含量。

硫氰酸盐法也可测定三价铁离子，测定时，三价铁离子与硫氰酸根生成红色络合物，其颜色深度与三价铁离子的含量成正比，对比样品管颜色和标准管颜色，即可确定其含量。该法速度快，但结果不准确，适合野外快速测定。

本实训采用磺基水杨酸法测定水样中总铁含量和三价铁含量。

三、实训仪器与试剂

磺基水杨酸(100 g/L)、盐酸、苯二甲酸氢钾、铁铵矾、硫酸、高锰酸钾(10 g/L)、盐酸(1＋1)、721 型分光光度计、比色皿、容量瓶、量筒、烧杯、移液管等。

四、实训步骤

1. 准备工作

(1)配制 pH＝2.2 的缓冲溶液。吸取 0.2 mol/L 的盐酸溶液 230 mL，与 0.2 mol/L 的苯二甲酸氢钾溶液 250 mL 混合后用蒸馏水稀释至 1 000 mL。

(2)铁标准溶液。准确称取 0.863 4 g 铁铵矾($FeNH_4(SO_4)_2 \cdot H_2O$)置于烧杯中，加蒸馏水使之溶解，再加入 5 mL 硫酸，最后将溶液转移到 1 000 mL 容量瓶中，并用蒸馏水稀释到刻度线后摇匀，此溶液每毫升含三价铁 0.10 mg。

吸取上述溶液 10.00 mL 置于容量瓶中，并用蒸馏水稀释到刻度线后摇匀，此溶液中三价铁的浓度为 0.01 mg/mL。

2.铁标准曲线的绘制

(1)在 50 mL 容量瓶中分别加入浓度为 0.01 mg/mL 的铁标准溶液 0.00 mL,0.50 mL, 1.00 mL,1.50 mL,2.00 mL,3.00 mL,4.00 mL,5.00 mL。

(2)用蒸馏水稀释到 25 mL,加入 pH=2.2 的缓冲溶液 10 mL 及 10%的磺基水杨酸溶液 1.00 mL,并用蒸馏水稀释至刻度线后摇匀,放置 20 min。

(3)在分光光度计上以含铁为零的溶液为空白,在波长 500 nm 处测定吸光度值,根据铁的含量与测得的吸光度值绘制标准曲线。

3.铁离子含量的测定

(1)总铁含量的测定。

1)吸取水样 25 mL(若水样浑浊,需过滤)置于 50 mL 容量瓶中,用蒸馏水作空白,各加入 1+1 盐酸溶液 1.00 mL。

2)向容量瓶中先各加 1 滴 10 g/L 高锰酸钾溶液,待颜色褪去后再补加 1.0 mL。

3)将容量瓶放到水温约为 80℃的水浴中 30 min,若高锰酸钾的颜色褪去,应再补加直至颜色不褪为止。

4)待溶液冷却后加入 1~2 滴双氧水使颜色褪去,沉淀溶解。

5)用氨水调节溶液的 pH=2.0 左右,再加入双氧水 0.2~0.5 mL。

6)向溶液中加入 pH=2.2 的缓冲溶液 10 mL,100 g/L 的磺基水杨酸 1.00 mL,用蒸馏水定容至 50 mL,摇匀放置 20 min 后,在 500 nm 处测定其吸光度。

注意:若水样是未加任何化学剂的清水,则取 25 mL 水样置于容量瓶中,可省略步骤 2)~ 4),直接加入 0.20~0.5 mL 双氧水进行氧化,再按 2.(2)(3)项操作。

(2)三价铁含量的测定。

1)吸取水样 25.00 mL 两份置于容量瓶中。

2)向容量瓶中加入 pH=2.2 的缓冲溶液 10 mL。

3)向其中一个容量瓶中加入 100 g/L 的磺基水杨酸 1.00 mL,另一个容量瓶中不加。将两个容量瓶用蒸馏水定容至 50 mL,摇匀放置 20 min 后,以不加磺基水杨酸的溶液作空白实验,在 500 nm 处测定其吸光度。

五、实训数据记录与处理

(1)数据记录(见表 30-1)。

表 30-1　数据记录

序　号	1	2	3	4	5	6	7	总铁含量	三价铁含量
$c/(\text{mol} \cdot \text{L}^{-1})$									
A									

(2)总铁(三价铁)含量计算。公式为

$$c_t = \frac{m_t}{V_w} \times 10^3$$

式中　c_t——水样中总铁(三价铁)含量,mg/L;

m_t——在标准曲线上查出的铁含量,mg;

V_w—— 水样体积，mL。

（3）标准曲线的绘制：以浓度为横坐标、吸光度为纵坐标绘制标准曲线。

（4）根据未知溶液吸光度查出其浓度。

六、思考题

（1）什么叫作标准曲线？如何绘制标准曲线？

（2）在不确定最大波长时，如何确定最大波长？

（3）测定铁离子还有哪些方法？

项目三十一　油田污水中悬浮固体含量及其直径中值的测定

一、实训目的

(1)掌握油田污水中悬浮固体含量测定的方法；

(2)掌握滤膜系数及悬浮固体含量的计算方法；

(3)掌握直径中值测试方法。

二、实训原理

悬浮固体通常指在水中不溶解而又存在于水中，不能通过过滤器的物质。按照 SY/T5329—94 标准，油田注水中的悬浮固体指采用平均孔径 $0.45~\mu m$ 的纤维素膜微孔过滤，经汽油或石油醚溶液洗去原油后，膜上不溶于油、水的物质。测定时采用重量法，先将滤膜在 $103\sim105℃$ 条件下烘至恒重，称量，记为 m_q，量取一定体积的水样，记为 V_w，过滤，分别用蒸馏水和石油醚洗涤滤膜，在 $103\sim105℃$ 条件下烘至恒重，称量，记为 m_h，利用下式即可计算水样中悬浮固体含量：

$$c_x = \frac{m_h - mq}{V_w}$$

滤膜系数指在 $0.14~MPa$ 压力下，通过 $0.45~\mu m$ 微孔滤膜的水量与流过时间的比值，一般用 MF 表示，计算公式为

$$MF = \frac{V_w}{20t}$$

悬浮颗粒直径中值用 D_{50} 表示，指一个样品的累计粒度分布百分数达到 50% 时所对应的粒径。它的物理意义是粒径大于它的颗粒占 50%，小于它的颗粒也占 50%。D_{50} 也叫中位径或中值粒径，用激光粒度仪可直接测定。

三、实训仪器与试剂

微孔薄膜过滤仪；烘箱；激光粒度仪；天平：感量为 $0.1~mg$；滤膜：孔径 $0.45~\mu m$；氮气钢瓶；$1~000~mL$ 量筒；石油醚：分析纯；无齿镊；秒表；去离子水。

四、实训步骤

1. 固相含量、滤膜系数的测定

(1)将滤膜置于蒸馏水中浸泡 $30~min$，用蒸馏水冲洗 3 次。

(2)将滤膜置于烘箱中 $90℃$ 干燥 $30~min$，再置于干燥器中冷却至室温，称量。重复此步骤直至恒重(两次相差 $<0.2~mg$)。

(3)将水样装入微孔薄膜过滤仪中,并将滤膜用水湿润后装到过滤器上。

(4)用氮气加压,保持薄膜过滤仪压力为 0.14 MPa,开始过滤,计时,并记录流出水体积。

(5)用无齿镊取出滤膜并烘干,用石油醚洗涤滤膜至无色(至少 4 次),再次烘干。

(6)用蒸馏水洗涤滤膜至水中无氯离子,烘干至恒重,称量。

2.粒径中值测定

(1)打开仪器的主电源开关,预热 15~20 min 后,开启计算机的设备程序。

(2)打开泵机和超声波振动仪开关,检查仪器设备是否运行正常。

(3)根据样品的不同性质,设置不同的泵机速度。

(4)根据样品的需要,确定是否开启超声波仪。如需开启,确定超声波振动仪的强度。

(5)设定测试样品的光学参数,样品编号,然后采用二次水测定样品背景。

(6)背景测定后,加入水样,开始测定。

(7)收集数据并对数据进行必要的处理。

(8)测试结束后,将管道和样品槽中的溶液全部排除,同时用二次水对样品槽、管道进行清洗,以便下次测量。

(9)测试结束后,关闭电源,并将搅拌器用二次水浸泡。

五、实训数据记录与处理

(1)数据记录(见表 31-1 和表 31-2)。

表 31-1　悬浮固体含量测定数据记录

	m_q/g	m_h/g	V_W/mL
测量数据			
$c_x/(g \cdot mL^{-1})$			

表 31-2　滤膜系数测定数据记录

	t/min	V/mL
$MF/(mL \cdot min^{-1})$		

(2)粒径中值。

从激光粒度仪打印结果上读取 D_{50} 为_____。

六、注意事项

(1)若水样中不含油,则在分析中可省去洗油操作。

(2)若水中悬浮固体含量较低,则应增加过滤水样的体积。

七、思考题

(1)若没有激光粒变仪,怎样测 D_{50}?

(2)若滤膜质量没有恒重,对测定结果有何影响?

项目三十二　油田污水中含油量的测定

一、实训目的

(1)进一步掌握分光光度法测定原理与方法；

(2)学习标准油的提取方法。

二、实训原理

油田污水中含有没有分离干净的原油，可用分光光度法测定其含油量。污水中的油用石油醚(或汽油、三氯甲烷等有机溶剂)萃取，萃取液的颜色深浅与油浓度呈线性关系。只要绘制出含油量-吸光度标准曲线，就可测出污水中的含油量。

绘制标准曲线时，由于不同储层原油性质不同，吸光度不同，因此要先提取标准油，且绘制好的标准曲线只适用于该储层原油。

三、实训仪器与试剂

721 型可见分光光度计；天平：感量 0.1 mg；分液漏斗：200 mL，500 mL；移液管：1.5 mL；容量瓶：100 mL；容量瓶：50 mL，7 个；无水氯化钙(无水硫酸钠)：分析纯；石油醚：分析纯；盐酸(1+1)。

四、实训步骤

1. 标准油的提取

取适量水样于分液漏斗中，石油醚(或三氯甲烷、汽油)在酸性条件下萃取水样中的油，提取液经无水氯化钙(或无水硫酸钠)脱水、过滤，滤液于 70～80℃水浴上蒸去溶剂，得到标准油。

2. 标准曲线的绘制

(1)标准油储备液的配制。

用万分之一天平准确称取 0.500 0 g 标准油，用石油醚(或三氯甲烷、汽油)溶解，于 100 mL 容量瓶中定容，得到含油浓度为 5.0 mg/mL 标准油溶液。

(2)标准曲线绘制。

分别取 0 mL，0.05 mL，0.10 mL，0.20 mL，0.50 mL，1.00 mL，2.00 mL，3.00 mL 标准油溶液置于 7 只 50 mL 比色管中，依次编号为 0，1，2，3，4，5，6 号，用石油醚(或三氯甲烷、汽油)稀释到 50 mL 刻度并摇匀，以石油醚(或三氯甲烷、汽油)为空白，用 1 cm 比色皿于430 nm 波长处测吸光度，制得含油浓度-吸光度的标准曲线。

3. 污水含油量测定

(1)取一定体积水样置于分液漏斗中,加 2.5～5 mL 盐酸溶液,用 50 mL 石油醚(或三氯甲烷、汽油)分 2 次萃取水样,萃取时需摇匀。同时测量被萃取后水样体积(减去加入的盐酸),若萃取液浑浊,应加入无水氯化钙(或无水硫酸钠)脱水。

2)将提取液收集到 50 mL 容量瓶中,用石油醚(或三氯甲烷、汽油)稀释到刻度,摇匀,以石油醚(或三氯甲烷、汽油)做空白,在分光光度计上测其吸光度,根据吸光度在标准曲线上查出含油量。

五、实训数据记录与处理

(1)数据记录(见表 32 - 1 和表 32 - 2)。

表 32 - 1 标准曲线的绘制

序　号	0	1	2	3	4	5	6
吸光度							

$\lambda = \underline{\hspace{2cm}}$ nm。

表 32 - 2 水样测定

项目编号	1	2	3
吸光度			
平均值			
含油量/(mg/L)			
平均偏差			
相对平均偏差			

(2)含油量计算。公式为

$$c_0 = \frac{m_0}{V_w} \times 10^3$$

式中　c_0—— 含油量,mg/L;

　　　V_w—— 水样体积,mL;

　　　m_0—— 在标准曲线上查出的含油量,mg。

六、注意事项

(1)也可在波长为 220～230 nm 处测吸光度。

(2)若计算结果大于标准曲线上查出的含油量,应减少水样用量,重新萃取。或将水样稀释后重新萃取,计算结果时乘以相应稀释倍数。

(3)若计算结果偏小,将增大水样的用量,重新萃取测定。

七、思考题

(1)若不提取标准油,测定的结果准确吗?

(2)萃取时,水样中原油若没有萃取完全,对实验结果有何影响?

项目三十三　油田污水用混凝剂的性能评价

一、实训目的

(1)掌握用烧杯沉降试验法来评价混凝剂的方法和原理；

(2)掌握混凝剂效果的影响因素。

二．实训原理

油田污水中含有大量的胶质沥青质、泥沙、钻井泥浆、腐蚀产物形成的胶体物质，还含有一定量的粒径在 10 μm 以下的乳化油，这些物质统称为乳化物，加上水中小颗粒的悬浮物，使得油田污水呈现出浑浊状态；同时由于布朗运动和静电排斥力，增大了其沉降稳定性和聚合稳定性，增大了油田污水处理难度。油田上常用添加混凝剂的方法破坏溶胶的稳定性，使细小的胶体微粒通过凝聚、絮凝，变成较大的颗粒而沉降。

这种将细小胶体微粒通过凝聚作用形成大的、可分离的颗粒的过程称为混凝，起这种作用的化学剂称为混凝剂。根据作用原理又将混凝剂分为凝聚剂和絮凝剂。这些化学剂通过双电层压缩、吸附架桥、沉淀卷扫作用，可以将水中的悬浮颗粒据结成大颗粒，进而沉降分离。

油田水处理中常用的絮凝剂有普通无机混凝剂、无机高分子混凝剂、有机高分子混凝剂和助凝剂。不同类型的混凝剂对性质不同的污水，使用效果各不相同，同时混凝剂用量、污水温度、pH 值、搅拌条件等因素也会影响其使用效果。在实际生产中常常将混凝剂和助凝剂复配使用，在不影响效果的前提下，可以大大降低处理成本。

在实训室，通常使用烧杯沉降试验法来评价混凝剂的处理效果、筛选混凝剂、调整复配方案。通常以除浊率表示混凝剂的处理效果，计算公式为

$$P = \frac{B - B_1}{B} \times 100\%$$

式中　P——除浊率，%；

　　B——初始水样的浊度，NTU；

　　B_1——絮凝处理后水样的浊度，NTU。

本实验评价自制高分子絮凝剂的絮凝效果，同时讨论加量、pH 值、温度对其效果的影响。

三、实训仪器与试剂

1.实训仪器

(1)多联搅拌器:转速在 20～150 min 之间连续可调；

(2)烧杯:1 000 mL；

(3)试管:50 mL；

(4)分析天平:感量 0.1 mg;

(5)浊度仪。

2.实训试剂

高分子絮凝剂(自制,液体)、聚合氯化铝(工业品)、膨润土(工业品)。

四、实训步骤

1.试样准备

(1)油田污水。现场水样试验最好在现场进行。如取回水样在室内进行时,需用恒温水浴间接加热到与现场水温基本一致。

(2)膨润土悬浊液(模拟污水)。在蒸馏水中加入一定量的膨润土,调节其浊度为 100NTU。

2.絮凝剂加量对絮凝效果的影响

在烧杯中量取 200 mL 膨润土悬浊液五份,调节 pH 值为 6,加入絮凝剂,使其用量分别为 2 mg/L,4 mg/L,6 mg/L,8 mg/L,10 mg/L(若没有拐点,继续增大用量,直至出现拐点),快搅(200 r/min)1~2 min,然后慢搅(100 r/min)2~3 min,静置 5 min 后,取上清液测其剩余浊度,记录实验数据,确定其最佳加量。

3.pH 值对絮凝效果的影响

在烧杯中量取 200 mL 膨润土悬浊液五份,固定絮凝剂用量为最佳加量,调节 pH 值分别为 2,3,4,6,8,按照上述试验方法,确定其最佳 pH 值范围。

4.温度对絮凝效果的影响

在烧杯中量取 200 mL 膨润土悬浊液四份,固定絮凝剂用量为最佳加量,调节污水温度分别为 30,40,50,60℃,按照上述试验方法,确定其最佳实验温度。

5.助凝剂对絮凝效果的影响

在烧杯中量取 200 mL 膨润土悬浊液四份,调节污水温度为最佳实验温度,固定絮凝剂用量为 2 mg/L,再加入助凝剂,使其用量分别为 20 mg/L,40 mg/L,60 mg/L,80 mg/L,按照上述试验方法,考察助凝剂的助凝效果。

五、实训数据记录与处理

1.数据记录(见表 33-1~表 33-4)

表 33-1　絮凝剂加量对絮凝效果的影响　　　　B=_____NTU

加量/(mg·L^{-1})	2	4	6	8	10
B_1/NTU					
除浊率/(%)					

表 33-2　pH 值对絮凝效果的影响　　　　B=_____NTU

pH 值	2	4	6	8
B_1/NTU				
除浊率/(%)				

表 33 – 3　温度对絮凝效果的影响　　　　$B=$ _____ NTU

温度/℃	30	40	50	60
B_1/NTU				
除浊率/(％)				

表 33 – 4　助凝剂对絮凝效果的影响　　　　$B=$ _____ NTU

助凝剂用量/(mg·L⁻¹)	20	40	60	80
B_1/NTU				
除浊率/(％)				

2.试验结果分析

根据实验结果作图分析絮凝剂加量、pH 值和温度对絮凝效果的影响。

六、思考题

(1)试分析浊度、pH 值、水温等对混凝效果的影响。

(2)试分析混凝剂的种类、投加量和投加顺序对混凝效果的影响。

(3)试分析搅拌时间、搅拌强度对混凝效果的影响。

项目三十四 阻垢剂的性能评价

一、实训目的

(1)掌握成垢离子含量变化法评价阻垢剂性能的原理和方法；

(2)掌握钙镁离子测定方法；

(3)掌握阻垢率的计算。

二、实训原理

油田污水中含有大量钙镁离子，与碳酸根、硫酸根等离子相遇会生成溶解度很小的物质，即水垢，垢可分为晶体垢、非晶体垢、细菌垢。水垢的生成对油田注水开发影响很大，可以减小管径、堵塞地层、造成抽油机抽油杆断裂，给油田的正常生产带来很大困难。油田上常用添加阻垢剂的方法减轻垢的生成，保证油田生产的顺利进行。

油田上使用的阻垢剂主要有乙二胺四亚甲基膦酸钠、复合阻垢缓蚀剂、改性聚丙烯酸等，实际使用过程中常常复配使用，用以提高阻垢剂效果。阻垢剂主要性能指标为阻垢率，其性能评价方法主要有成垢离子含量变化法、挂片法和模拟管法，本项目采用成垢离子含量变化法评价改性聚丙烯酸阻垢剂的阻垢性能。

成垢离子含量变化法是先将投加了阻垢剂和未投加阻垢剂的水样在设定的温度下加热一定时间，然后测定加热前后水中成垢离子含量，由其含量变化计算阻垢率，从而判定该处理剂阻垢性能的优劣。

由于该方法是以水中成垢离子含量试验前、后的变化为依据来计算阻垢率的，因而其分析结果的准确性直接影响着阻垢性能评价结果的准确性。

以百分率表示的水处理剂的阻垢率为

$$\rho = \frac{x_1 - x}{x_0 - x} \times 100\%$$

式中　x_1—— 加入水处理剂的试液试验后的钙离子浓度，mg/mL；

x—— 加入水处理剂的空白试液试验后的钙离子浓度，mg/mL；

x_0—— 未加热试液中钙离子的浓度，mg/mL。

同等条件下，阻垢率越高，该阻垢剂的阻垢效果越好。

三、实训仪器与试剂

1. 实训仪器

恒温水浴锅、酸式滴定管、移液管、锥形瓶、滤纸等。

2. 实训试剂

氯化钙(分析纯)；聚丙烯酸阻垢剂(浓度为 0.500 mg/mL 左右)；硼砂缓冲溶液(pH≈9)；

碳酸氢钠(分析纯);EDTA(分析纯);氢氧化钠($w=4\%$);钙羧酸指示剂;甲醛(分析纯)。

四、实训步骤

1. 试液的制备

(1)240 mg/L Ca^{2+} 标准溶液 500 mL。

(2)366mg/L 的 HCO_3^- 标准溶液 500 mL。

(3)0.002mol/L EDTA 标准溶液 250 mL。

(4)pH 值为 10 的缓冲溶液 250 mL。

2. 阻垢剂阻垢性能评价

(1)最佳用量的确定。

在锥形瓶中分别平行取 25 mL Ca^{2+} 标准溶液 4 份,加入聚丙烯酸阻垢剂,使其加量分别为 0 mg/L,5 mg/L,10 mg/L,15 mg/L,摇匀,放置 10 min,再分别加入 25 mL HCO_3^- 标准溶液,摇匀。将其放于 80℃烘箱或水浴中,恒温 2 h,冷却,待用。

(2)复配阻垢剂的评价。

在锥形瓶中分别平行取 25 mL Ca^{2+} 标准溶液 4 份,计算甲醛和聚丙烯酸阻垢剂的用量,使其加量分别为 0 mg/L,5 mg/L,10 mg/L,15 mg/L,摇匀,放置 10 min,再分别加入25 mL HCO_3^- 标准溶液,摇匀。将其放于 80℃烘箱或水浴中,恒温 2h,冷却,待用。

(3)空白试样。

在锥形瓶中分别平行取 25 mL Ca^{2+} 标准溶液,25 mL HCO_3^- 标准溶液两份,摇匀。将一份放于 80℃烘箱或水浴中,恒温 2 h,冷却,待用,另一份置于室内不加热。

3. 阻垢剂阻垢率测定

将上述冷却至室温的溶液用中速定量滤纸过滤。移取 25.00 mL 滤液置于另一个 250 mL锥形瓶中,加 5 mL pH 值为 10 的缓冲溶液,摇匀,再加入钙羧酸指示剂。用 EDTA 标准溶液滴定至溶液由紫红色变为亮蓝色即为终点,记录实验数据,计算其阻垢率。

五、实训数据记录与处理

(1)最佳用量的确定(见表 34-1)。

表 34-1 数据记录

阻垢剂用量 mg·L^{-1}	滤液体积 mL	EDTA 初读 mL	EDTA 终读 mL	消耗 EDTA 体积 mL	阻垢率
0					
5					
10					
15					
不加热空白样					—

（2）复配阻垢剂评价（见表 34 - 2）。

表 34 - 2　数据记录

复配阻垢剂用量 mg·L⁻¹	滤液体积 mL	EDTA 初读 mL	EDTA 终读 mL	消耗 EDTA 体积 mL	阻垢率 %
0					
5					
10					
15					
不加热空白样					—

（3）作图分析阻垢剂用量对阻垢率的影响。

六、思考题

（1）EDTA 标准溶液需要标定吗？若不标定会对结果造成什么影响？

（2）查阅相关资料，了解其他阻垢剂性能评价方法的原理。

（3）阻垢剂用量越大，其阻垢效果越好吗？

项目三十五 杀菌剂的性能评价

一、实训目的

(1)掌握绝迹稀释法评价杀菌剂的方法和原理;

(2)掌握细菌含量的计数方法和原理。

二、实训原理

油田污水中含有大量细菌,主要有硫酸盐还原菌、铁细菌、腐生菌,细菌的存在可以引起细菌腐蚀、结垢,其新陈代谢产物可以引起地层堵塞,给油田的正常生产造成不利影响。油田上常用添加杀菌剂的方法控制水中细菌含量,保证油田生产的顺利进行。

油田上使用的杀菌剂主要为非氧化性杀菌剂,其中效果较好的是季铵盐化合物。该类杀菌剂化学性质稳定,毒性低,无积累,用量小,与其他药剂共用还具有缓蚀增效作用,是一种多功能的杀菌剂。季铵盐化合物的碳链越长,杀菌效果越好,常用杀菌率来评价其性能,杀菌率越高则效果越好。

测得加杀菌剂前后水样中的细菌含量,即可计算其杀菌率为

$$杀菌率 = \frac{B_0 - B}{B_0} \times 100\%$$

式中 B_0——加杀菌剂前水样中的细菌含量,个/mL;

   B——加杀菌剂后水样中的细菌含量,个/mL。

水样中的细菌含量的测定一般用绝迹稀释法,该方法有两种计数法,即两次重复菌量计数和三次重复菌量计数,根据实际水样中细菌含量选择合适的方法。

三、实训仪器与试剂

1. 实训仪器

注射器(1 mL)、恒温培养箱。

2. 实训试剂

季铵盐杀菌剂、腐生菌测试瓶、硫酸盐还原菌测试瓶、现场水样、模拟水样。

四、实训步骤

1. 水样中细菌含量测定

确定重复菌量计数法,即两次重复还是三次重复,确保最后一个测试瓶没有细菌,即为绝迹,将细菌测试瓶排成一排,依次编号。用注射器取 1 mL 水样注入 1 号瓶,充分震荡;再用注射器从 1 号瓶取 1 mL 水样注入 2 号瓶,充分震荡;依次类推直至最后一瓶。再将测试瓶放入

恒温培养箱,硫酸盐还原菌测试瓶 2 周后读数,腐生菌测试瓶 1 周后读数。

若硫酸盐还原菌测试瓶变黑或有黑色沉淀,则表明有硫酸盐还原菌;若腐生菌测试瓶由红变黄或浑浊,则表明有腐生菌。观察所有测试瓶,有细菌的细菌瓶用"＋"标记,没有细菌的细菌瓶用"－"标记,见表 35 - 1。

表 35 - 1　数据记录

示例	长菌观察					生长指标	菌量
	1 号瓶	2 号瓶	3 号瓶	4 号瓶	5 号瓶		
	0 级	1 级	2 级	3 级	4 级		
1	＋＋	＋＋	－－	－－	－－	200×10^1	2.5×10^1
2	＋＋＋	＋＋＋	＋＋＋	＋＋－	－－－	320×10^2	9.5×10^2

根据细菌生长鉴别标示,读取相应菌量计数表(详见附录 5),查出细菌含量,计算水样中细菌含量。

2．最佳含量的确定

取五份水样,加入杀菌剂,使其浓度分别为 0 mg/L,5 mg/L,10 mg/L,15 mg/L,按照上述方法,用两次重复和三次重复测试水样中细菌含量,并计算杀菌率。

3．复配阻垢剂的评价

取五份水样,计算甲醛和杀菌剂的用量,使其浓度分别为 0 mg/L,5 mg/L,10 mg/L,15 mg/L,按照上述方法,用两次重复和三次重复测试水样中细菌含量,并计算杀菌率。

五、实训数据记录与处理

(1)最佳用量的确定(见表 35 - 2)。

表 35 - 2　数据记录

示例		长菌观察					生长指标	菌量个/mL	杀菌率/(%)
		1 号瓶	2 号瓶	3 号瓶	4 号瓶	5 号瓶			
		0 级	1 级	2 级	3 级	4 级			
两次重复	0 mg/L								
	5 mg/L								
	10 mg/L								
	15 mg/L								
三次重复	0 mg/L								
	5 mg/L								
	10 mg/L								
	15 mg/L								

(2)复配杀菌剂评价(见表 35 - 3)。

表 35 - 3　数据记录

示例		长菌观察					生长指标	菌量个/mL	杀菌率/(%)
		1号瓶	2号瓶	3号瓶	4号瓶	5号瓶			
		0级	1级	2级	3级	4级			
两次重复	0 mg/L								
	5 mg/L								
	10 mg/L								
	15 mg/L								
三次重复	0 mg/L								
	5 mg/L								
	10 mg/L								
	15 mg/L								

六、思考题

(1)除本实训提到的以外,油田上还使用哪些杀菌剂?

(2)杀菌剂还要评价哪些指标?

(3)杀菌剂用量越大,则其杀菌效果越好吗?

项目三十六　原油破乳剂性能评价

一、实训目的

(1)掌握破乳剂的作用机理；

(2)掌握破乳剂的评价及筛选方法。

二、实训原理

原油生产过程中由于天然表面活性剂或添加的表面活性剂，会生成原油乳状液。原油乳状液有两种类型，油包水和水包油，在集输前要将其破乳脱水，使其含水率小于0.5%。原油乳状液的破乳方法有重力沉降法、化学法、电法，油田常用化学法破坏原油乳状液。

化学法指向乳状液中加入化学剂破坏乳状液的方法，该化学剂称为破乳剂。破乳剂可通过顶替、反相、分散和中和作用破坏原油乳状液，乳状液类型不同，所用破乳剂也不同。水包油型破乳剂有表面活性剂、高分子化合物、低分子电解质、醇等，实际生产中常常复配使用。破乳剂的选择有HLB值法和实验法，实际生产中常用实验法选择合适的破乳剂，并确定其用量。常用脱水率表示破乳剂效果。

在原油乳状液中加入一定量的原油破乳剂，充分混合，恒温静置沉降脱水，记录不同时间脱出水量，计算其脱水率，并观察脱出的污水颜色及油水界面状况，测定净化油含水率及污水含油量(污水中油的质量浓度)，依此检验原油破乳剂的使用性能。

脱水率按下式计算：

$$\eta_w = \frac{V}{V_0} \times 100\%$$

式中　η_w——脱水率，%；

　　　V——不同时间脱水量，mL；

　　　V_0——原油乳状液体积，mL。

三、实训仪器和试剂

1.实训仪器

脱水试瓶；取液器；注射器 1 mL；天平：0.01 g；恒温水浴锅；自动混调器：转速4 000 r/min。

2.实训试剂

甲醛(化学纯)；乙醇(化学纯)；异丙醇(化学纯)；二甲苯(化学纯)；石油醚(分析纯)；无铅

汽油。

四、实训步骤

1. 原油破乳剂溶液配制

在烧杯中用天平准确称取一定量的原油破乳剂样品,定量转移到容量瓶中,用溶剂稀释至刻度摇匀,使每 100 mL 溶液中所含原油破乳剂质量为 1 g 或 10 g(精确至 0.01 g)。

水溶性原油破乳剂用水或醇类作溶剂,油溶性原油破乳剂用二甲苯作溶剂。

2. 原油乳状液样品处理

将原油乳状液样品放人比预定脱水温度低 5～10℃的恒温水浴中 0.5 h。若原油乳状液中有游离水,则先将游离水分出,搅拌均匀后使用。

若原油乳状液含水率超过 0.5%,则应将原油乳状液分成两份。预热至水浴温度,再恒温一份直接使用,另一份按规定处理后使用。

3. 最佳用量的确定

将准备好的原油乳状液样品倒入比色管(或脱水试瓶)中至 100 mL 刻度,放入水浴,恒温,使脱水试瓶中样品温度升至预定的脱水温度,恒温水浴液面应高于脱水试瓶中原油乳状液液面。

用注射器向比色管中加入原油破乳剂溶液,使其浓度分别为 0 mg/L,5 mg/L,10 mg/L,15 mg/L,每个浓度平行 3 份,充分震荡,松动瓶盖,并重新将比色管置于恒温水浴中静置沉降,读出并记录不同时间脱出的污水量,计算脱水率,并按照规定,观察并在表 36-1 中记录终止沉降时水相清洁度和界面状况。

4. 复配破乳剂效果评价

按照上述方法向比色管中加入甲醇和氯化钙,使其用量分别为 0 mg/L,5 mg/L,10 mg/L,15 mg/L,读出并记录不同时间脱出的污水量,计算脱水率,并按照规定,观察并在表 36-2 中记录终止沉降时水相清洁度和界面状况。

表 36-1　最佳用量的确定

破乳剂用量 mg·L⁻¹	不同时间出水量					脱水率/(%)	界面状况	水相清洁度
	10min	15min	20min	40min	60min			
0								
5								
10								
15								

表 36 - 2　复配破乳剂效果评价

破乳剂用量 mg·L⁻¹	不同时间出水量					脱水率/(%)	界面状况	水相清洁度
	10min	15min	20min	40min	60min			
0								
5								
10								
15								

五、数据记录

六、思考题

(1)讨论破乳剂加量对破乳效果的影响。

(2)油包水型原油乳状液破乳剂都有哪些？

(3)HLB 值法如何选择和评价破乳剂的效果？

项目三十七　原油降凝剂性能评价

一、实训目的

(1)了解原油降凝剂的作用原理;

(2)掌握原油降凝剂的评价方法;

(3)掌握原油凝固点测定仪的操作方法。

二、实训原理

原油的凝点指在规定实验条件下失去流动性的最高温度。根据凝点将原油分为低凝原油、易凝原油和高凝原油,高凝原油指凝点大于30℃的原油。这类原油在长距离输送过程中,由于温度的降低,使得溶于其中的蜡结晶析出、长大、聚结,形成网架结构而失去流动性;或原油黏年度随温度降低而增大,当黏度达到一定程度时就会失去流动性,给原油的输送造成很大困难。

油田上常用物理降凝法、化学降凝法,或物理-化学降凝法降低原油的凝点,提高原油的输送效率。化学法由于设备简单、成本低广泛使用。化学降凝法指在原油中加入降凝剂降低原油凝点的方法。常用降凝剂有表面活性剂和聚合物两种类型,它们可通过吸附或共晶作用阻止蜡的析出,从而降低原油凝点。

降凝剂的效果用凝点降低度数来表示,降低得越多则其效果越好。加入降凝剂时原油的温度不同,其降凝效果也不同。

三、实训仪器及药品

1. 实训仪器

原油凝固点测定仪;烧杯;电子天平等。

2. 实训药品

高凝原油;聚合物降凝剂(自制)。

四、实训步骤

1. 聚合物降凝剂最佳用量的确定

(1)样品的准备。

在烧杯中取 4 份适量原油,向其中加入降凝剂,使其加量分别为 0 mg/L,5 mg/L,10 mg/L,15 mg/L,搅拌均匀,待用。

(2)凝点的测定。

将试样倒入试管至刻度线处(黏稠试样可在水浴中加热至流动后,倒入试管内)。用插有温度计的软木塞塞住试管,调整木塞和温度计的位置,使温度计和试管在同一轴线上,并使温度计的毛细管起点位置浸在试样液面以下 3 mm 处。将试样加热至 45℃,然后将试管放入套管内,套管装在冷浴中并保持垂直(套管露出冷却介质液面不大于 25 mm)。注意:试样经过冷却,形成石蜡结晶,不能搅动试样,也不能移动温度计,对石蜡结晶的海绵网有任何扰动都会导致结果不真实。

试验从高于预期凝点 9℃开始,每降 3℃,小心地把试管从套管中取出,倾斜试管,观察试管内试样是否流动(取出试管到放回试管的全部操作,要求不得超过 3 s)。直至试样不再流动,立即将试管放成水平位置,仔细观察试样的表面,如果试样在 5 s 内还有流动,则立即将试管放回套管,待再降低 3℃时,重复进行流动实验,直至水平位置试样在 5 s 内不再流动为止,记录此时温度计读数。

2.不同温度降凝剂效果评价

称取三份原油,将其分别升温至 35℃,45℃,55℃,再加入降凝剂,使其浓度为 10 mg/L,按照上述方法,考察温度对降凝剂效果的影响,同时做空白试验。

五、数据处理

1.数据记录(见表 37－1 和表 37－2)

表 37－1　聚合物降凝剂最佳用量的确定

降凝剂用量/(mg·L^{-1})	凝点/℃	凝点降低值/℃
0		
5		
10		
15		

表 37－2　不同温度降凝剂效果评价

温度/℃	凝点/℃	凝点降低值/℃
空白		
35		
45		
55		

2.分析温度对降凝剂效果的影响

六、思考题

(1)物理降凝法如何降低原油凝点?

(2)温度对降凝剂的效果有没有影响?若有影响,请简单分析。

(3)降凝剂用量越大,效果越好吗?请简单分析。

七、注意事项

(1)试样温度在9℃以上,冷浴温度保持在−1～2℃;如果温度已降到9℃,试样仍能流动,则需将试管移至第二个冷浴(−18～−15℃)的套管中。

(2)测定倾点极低的样品,需附加冷浴,每个冷浴的温度比前一个浴的温度低17℃,每当试样温度达到高于新浴27℃时,就要更换冷浴。

附　录

附录 1　常用油井水泥减轻剂加量和适宜密度范围

减轻剂名称	密度/(g·cm⁻³)	加量范围/(%)	水泥浆密度范围/(g·cm⁻³)
膨润土	2.65	2~32	1.38~1.77
凹凸棒土	2.65	2~32	1.38~1.77
硅藻土	2.10	10~40	1.33~1.55
珍珠岩	2.40	8~25	1.31~1.53
粉煤灰	2.10~2.60	25~100	1.55~1.70
海泡石抗盐土	1.80~1.90	2~30	1.38~1.77
空心玻璃微珠	0.42~0.70	10~60	0.72~1.50
空心陶瓷微珠	0.42~0.70	10~60	0.72~1.50
超细硅粉	2.50~2.60	10~40	1.50~1.80
空气	—	—	0.84~1.44
氮气	—	—	0.84~1.44

附录 2　溶液的制备和标定

1. 盐酸标准溶液(c_{HCl}＝0.05 mol/L)

1.1　制备

移取 4.5 mL 浓盐酸(ρ＝1.19 g/L)与水混合并稀释至 1 L。

1.2　标定

称取 105~110℃烘干 2 h 的无水碳酸钠 0.1 g,准确至 0.000 1 g,置于三角瓶中;溶于 50 mL 不含二氧化碳的水中,加 4 滴甲基橙指示剂,用待标定的盐酸溶液滴定至橙红色为终点。

1.3　计算

盐酸标准溶液含量的计算公式为

$$c_{HCl}(mol/L)=\frac{m_无}{V_1\times0.053\ 0}$$

式中　$m_无$——无水碳酸钠质量,g;

　　　V_1——待标定的盐酸标准溶液的消耗量,mL;

0.053 0——与 1.00 mL 盐酸标准溶液($c_{HCl}=1.000\ 0$mol/L)完全反应所需的碳酸钠的质量,g。

2. EDTA 标准溶液($c_{EDTA}=0.012\ 5$mol/L)

2.1　制备

称取 4.65 gEDTA($C_{10}H_{14}N_2O_8Na_2\cdot 2H_2O$)溶于水中,用水稀释至 1 L,摇匀。

2.2　标定

称取在 800℃灼烧至恒量的氧化锌 0.01~0.02 g,准确至 0.000 1 g,置于烧杯中;用水润湿,滴加盐酸溶液($\varphi_{HCl}=50\%$),在电路上微沸,使氧化锌完全溶解;加水使总体积为 50 mL,用氨水调节 pH 值至 7~8;加 10 mL 氨水-氯化铵缓冲溶液,再加 3~4 滴铬黑 T 指示剂,用待标定的 EDTA 溶液滴至纯蓝色为终点。

2.3　计算

EDTA 标准溶液含量的计算公式为

$$c_{EDTA}\ Y\ \frac{mol}{L}\ Y=\frac{m_{氧}}{V_2\times 0.081\ 39}$$

式中　$m_{氧}$——氧化锌的质量,g;

V_2——待标定的 EDTA 标准溶液的消耗量,mL;

0.081 93——与 1 mL EDTA 标准溶液($c_{EDTA}=\dfrac{1.000\ 0mol}{L}$)完全反应需要的氧化锌的质量,g。

3. 钡、镁离子混合标准溶液

称取氯化钡($BaCl_2\cdot 2H_2O$)2.44 g,氯化镁($MgCl_2\cdot 6H_2O$)1.2 g 共溶于水中,用水稀释至 1L,摇匀。从溶液为氯化钡(0.01 mol/L)和氯化镁(0.005mol/L)的混合标准溶液。

附录 3　常见指示剂的配制方法

指示剂名称	方　法
二甲基黄-亚甲蓝指示液	取二甲基黄与亚甲蓝各 15 mg,加氯仿 100 mL,振摇使溶解(必要时微温),滤过,即得
中性红指示液	取中性红 0.5 g,加水使溶解成 100 mL,滤过,即得。变色范围 pH6.8~8.0(红→黄)
石蕊指示液	取石蕊粉末 10 g,加乙醇 40 mL,回流煮沸 1 h,静置,倾去上层清液,再用同一方法处理 2 次,每次用乙醇 30 mL,残渣用水 10 mL 洗涤,倾去洗液,再加水 50 mL 煮沸,放冷,滤过,即得。变色范围 pH4.5~8.0(红→蓝)
甲基红指示液	取甲基红 0.1 g,加 0.05 mol/L 氢氧化钠溶液 7.4 mL 使溶解,再加水稀释至 200 mL,即得。变色范围 pH4.2~6.3(红→黄)
甲基红-亚甲蓝指示液	取 0.1%甲基红的乙醇溶液 20 mL,加 0.2%亚甲蓝溶液 8 mL,摇匀,即得

续 表

指示剂名称	方 法
甲基红-溴甲酚绿指示液	取 0.1% 甲基红的乙醇溶液 20 mL,加 0.2% 溴甲酚绿的乙醇溶液 30 mL,摇匀,即得
甲基橙指示液	取甲基橙 0.1 g,加水 100 mL 使溶解,即得。变色范围 pH3.2~4.4（红→黄）
甲基橙-亚甲蓝指示液	取甲基橙指示液 20 mL,加 0.2% 亚甲蓝溶液 8 mL,摇匀,即得
甲酚红指示液	取甲酚红 0.1 g,加 0.05 mol/L 氢氧化钠溶液 5.3 mL 使溶解,再加水稀释至 100 mL,即得。变色范围 pH7.2~8.8（黄→红）
刚果红指示液	取刚果红 0.5 g,加 10% 乙醇 100 mL 使溶解,即得。变色范围 pH 3.0~5.0（蓝→红）
苏丹Ⅳ指示液	取苏丹Ⅳ 0.5 g,加氯仿 100 mL 使溶解,即得
含锌碘化钾淀粉指示液	取水 100 mL,加碘化钾溶液（3→20）5 mL 与氯化锌溶液（1→5）10 mL,煮沸,加淀粉混悬液（取可溶性淀粉 5 g,加水 30 mL 搅匀制成）,随加随搅拌,继续煮沸 2 min,放冷,即得。本液应在凉处密闭保存
邻二氮菲指示液	取硫酸亚铁 0.5 g,加水 100 mL 使溶解,加硫酸 2 滴与邻二氮菲 0.5 g,摇匀,即得。本液应临用新制
间甲酚紫指示液	取间甲酚紫 0.1 g,加 0.01 mol/L 氢氧化钠溶液 10 mL 使溶解,再加水稀释至 100 mL,即得。变色范围 pH7.5~9.2（黄→紫）
金属酚指示液	取金属酞 1 g,加水 100 mL 使溶解,即得
荧光黄指示液	取荧光黄 0.1 g,加乙醇 100 mL 使溶解,即得
钙黄绿素指示剂	取钙黄绿素 0.1 g,加氯化钾 10 g,研磨均匀,即得
钙紫红素指示剂	取钙紫红素 0.1 g,加无水硫酸钠 10 g,研磨均匀,即得
亮绿指示液	取亮绿 0.5 g,加冰醋酸 100 mL 使溶解,即得。变色范围 pH0.0~2.6（黄→绿）
结晶紫指示液	取结晶紫 0.5 g,加冰醋酸 100 mL 使溶解,即得
酚酞指示液	取酚酞 1 g,加乙醇 100 mL 使溶解,即得。变色范围 pH8.3~10.0（无色→红）
铬黑 T 指示剂	取铬黑 T 0.1 g,加氯化钠 10 g,研磨均匀,即得
铬酸钾指示液	取铬酸钾 10 g,加水 100 mL 使溶解,即得
偶氮紫指示液	取偶氮紫 0.1 g,加二甲基甲酰胺 100 mL 使溶解,即得
淀粉指示液	取可溶性淀粉 0.5 g,加水 5 mL 搅匀后,缓缓倾入 100 mL 沸水中,随加随搅拌,继续煮沸 2 min,放冷,倾取上层清液,即得。本液应临用新制
硫酸铁铵指示液	取硫酸铁铵 8 g,加水 100 mL 使溶解,即得
碘化钾淀粉指示液	取碘化钾 0.2 g,加新制的淀粉指示液 100 mL 使溶解,即得

续 表

指示剂名称	方　　法
溴甲酚紫指示液	取溴甲酚紫 0.1 g,加 0.02 mol/L 氢氧化钠溶液 20 mL 使溶解,再加水稀释至 100 mL,即得。变色范围 pH5.2~6.8(黄→紫)
溴甲酚绿指示液	取溴甲酚绿 0.1 g,加 0.05 mol/L 氢氧化钠溶液 2.8 mL 使溶解,再加水稀释至 200 mL,即得。变色范围 pH3.6~5.2(黄→蓝)
溴酚蓝指示液	取溴酚蓝 0.1 g,加 0.05 mol/L 氢氧化钠溶液 3.0 mL 使溶解,再加水稀释至 200 mL,即得。变色范围 pH2.8~4.6(黄→蓝绿)

附录 4　缓冲溶液的配制方法

序　号	溶液名称	配制方法	pH 值
1	苯二甲酸氢钾-盐酸缓冲液	吸取 0.2 mol/L 的盐酸溶液 230 mL,与 0.2 mol/L 的苯二甲酸氢钾溶液 250 mL 混合后稀释至 1 000 mL	2.2
2	邻苯二甲酸、盐缓冲液	取邻苯二甲酸氢钾 5.105 4 g,加水稀释至 500 mL,混匀,即得。	4.0
3	醋酸-醋酸钠缓冲液	取醋酸钠 9.0 g,加冰醋酸 4.9 mL,加水稀释至 500 mL,即得	4.5
4	醋酸-醋酸铵缓冲液	取 77.0 g 醋酸铵溶于 200 mL 蒸馏水中,加冰醋酸 59 mL,稀释至 1 000 mL	4.5
5	醋酸-醋酸钠缓冲液	取醋酸钠 39.10 g,加冰醋酸 15 mL,加水稀释至 250 mL	5.0
6	醋酸-醋酸钠缓冲液	取醋酸钠 20 g,加冰醋酸 2.42 mL,加水稀释至 100 mL	5.5
7	醋酸-醋酸钠缓冲液	取醋酸钠 20 g,加冰醋酸 0.90 mL,加水稀释至 100 mL	6.0
8	醋酸-醋酸钠缓冲液	取醋酸钠 20 g,加冰醋酸 0.24 mL,加水稀释至 100 mL	6.5
9	磷酸二氢钠-磷酸氢二钠缓冲液	准确称取磷酸二氢钠 7.472 9 g,磷酸氢二钠 0.752 1 g,用水稀释至 250 mL	5.5
10	磷酸二氢钠-磷酸氢二钠缓冲液	准确称取磷酸二氢钠 6.841 0 g,磷酸氢二钠 2.202 5 g,用水稀释至 250 mL	6.0
11	磷酸二氢钠-磷酸氢二钠缓冲液	准确称取磷酸二氢钠 5.343 3 g,磷酸氢二钠 5.640 7 g,用水稀释至 250 mL	6.5

续　表

序　号	溶液名称	配制方法	pH 值
12	磷酸二氢钠-磷酸氢二钠缓冲液	准确称取磷酸二氢钠 3.042 2 g,磷酸氢二钠 10.923 3 g,用水稀释至 250 mL	7.0
13	氯化铵-浓氨水缓冲液	将 100 g 氯化铵溶于水中,加浓氨水 7.0 mL,稀释1 000 mL	8.0
14	氯化铵-浓氨水缓冲液	将 70 g 氯化铵溶于水中,加浓氨水 48 mL,稀释1 000 mL	9.0
15	氯化铵-浓氨水缓冲液	将 27 g 氯化铵溶于水中,加浓氨水 197 mL,稀释1 000 mL	10.0

附录 5　细菌含量计算表

附表 5-1　稀释法三次重复菌量计数表

生长指标	菌量/(个·mL^{-1})	生长指标	菌量/(个·mL^{-1})	生长指标	菌量/(个·mL^{-1})
000	0.0	201	1.4	302	6.5
001	0.3	202	2.0	310	4.5
010	0.3	210	1.5	311	7.5
011	0.6	211	2.0	312	11.5
020	0.6	212	3.0	313	16.0
100	0.4	220	2.0	320	9.5
101	0.7	221	3.0	321	15.0
102	1.1	222	3.5	322	20.0
110	0.7	223	4.0	323	30.0
111	1.1	230	3.0	330	25.0
120	1.1	231	3.5	331	45.0
121	1.5	232	4.0	332	110.0
130	1.6	300	2.5	333	140.0
200	0.9	301	4.0		

附表 5－2　稀释法二次重复菌量计数表

生长指标	菌量/(个·mL^{-1})	生长指标	菌量/(个·mL^{-1})	生长指标	菌量/(个·mL^{-1})
000	0.0	110	1.3		
001	0.5	111	2.0	211	13.0
010	0.5	120	2.0	212	20.0
011	0.9	121	3.0	220	25.0
020	0.9	200	2.5	221	70.0
100	0.6	201	5.0	222	110.0
101	1.2	210	6.0		

附表 5－3　细菌菌量计数示例表

示　例	长菌观察					生长指标	菌量/(个·mL^{-1})
	1 号瓶	2 号瓶	3 号瓶	4 号瓶	5 号瓶		
	0 级	1 级	2 级	3 级	4 级		
1	＋＋	＋＋	－－	－－	－－	200×10^1	2.5×10^1
2	＋－	－－	－－	－－	－－	100×10^0	0.6×10^0
3	＋＋＋	＋＋＋	＋＋＋	＋＋	－－－	320×10^2	9.5×10^2
4	＋＋＋	＋＋＋	＋＋＋	＋＋＋	＋＋＋	$\geqslant 300 \times 10^4$	$\geqslant 2.5 \times 10^4$

参 考 文 献

[1] 周金葵.钻井液工艺技术[M].北京:石油工业出版社,2009.

[2] 徐同台,赵忠举.21世纪初国外钻井液和完井液技术[M].北京:石油工业出版社,2004.

[3] 王平全,周世良.钻井液处理剂及其作用原理[M].北京:石油工业出版社,2003.

[4] 付美龙.油田化学原理[M].北京:石油工业出版社,2015.

[5] 陈大钧.油气田应用化学[M].北京:石油工业出版社,2006.

[6] 姜继水,宋吉水.提高石油采收率技术[M].北京:石油工业出版社,2007.

[7] 周小玲,孟祥江.油田化学[M].北京:石油工业出版社,2010.

[8] 赵福麟.油田化学[M].青岛:中国石油大学出版社,2007.